地理信息科学系列

激光雷达遥感导论

Introduction to LiDAR Remote Sensing

王 成 习晓环 杨学博 聂 胜 著

高等教育出版社·北京

内容简介

本书系统介绍了激光雷达发展历程、特点与分类、当前典型激光雷达系统，激光雷达遥感原理、星机地激光雷达数据获取、数据处理理论和方法，以及激光雷达在地形测绘、林业调查、电力巡检、建筑物三维建模、无人驾驶、农作物监测、文化遗产保护和室内建模与导航方面的应用，并从激光雷达传感器性能、新型激光雷达系统研制、激光雷达大数据处理以及综合应用等方面对激光雷达遥感的发展进行了展望。

本书适合激光雷达遥感、全球变化、林业、测绘、文物保护、无人驾驶和数字城市等研究者阅读，也可作为遥感、测绘、林学、考古和地理信息系统等专业的教学参考书。

图书在版编目（CIP）数据

激光雷达遥感导论 / 王成等著 . -- 北京：高等教育出版社，2022.1 （2023.8重印）
ISBN 978-7-04-057219-3

Ⅰ.①激⋯ Ⅱ.①王⋯ Ⅲ.①激光雷达-遥感技术
Ⅳ.① TN958.98 ② TP7

中国版本图书馆 CIP 数据核字（2021）第 215794 号

策划编辑	关 焱	责任编辑 关 焱	封面设计 于 博	版式设计	王艳红
插图绘制	黄云燕	责任校对 吕红颖	责任印制 耿 轩		

出版发行	高等教育出版社	咨询电话	400-810-0598
社　址	北京市西城区德外大街 4 号	网　址	http://www.hep.edu.cn
邮政编码	100120		http://www.hep.com.cn
印　刷	北京市联华印刷厂	网上订购	http://www.hepmall.com.cn
开　本	787mm×1092mm　1/16		http://www.hepmall.com
印　张	12.25		http://www.hepmall.cn
字　数	300 千字	版　次	2022 年 1 月第 1 版
插　页	6	印　次	2023 年 8 月第 3 次印刷
购书热线	010-58581118	定　价	59.00 元

序

　　地球大数据支撑可持续发展目标已经成为科技界的共识,通过对陆地、海洋、大气及人类活动相关的数据进行整合和分析,为可持续发展目标特别是地球表面与环境、资源密切相关的诸多目标提供多尺度、周期变化的丰富信息。激光雷达技术以其快速、直接、高精度获取地表三维空间信息的优势,成为当前不可或缺的数据获取手段,激光雷达数据也因此成为地球大数据中的重要组成部分。特别是近十年来,星载激光雷达陆续发射升空,轻小型机载、车载激光雷达系统蓬勃发展,三维空间大数据爆发式增长,并在全球高程制图、陆地生态系统碳循环、电力巡检、数字城市、文化遗产、无人驾驶等方面发挥了重要作用。但相对于成像光谱和成像雷达技术,激光雷达遥感作为对地观测领域的前沿技术,在成像机理、数据处理以及定量应用方面还有很多难点值得去研究和探索,尤其对于海量、多源(多平台、三维点云、光子、波形)激光雷达数据,深入理解其成像机理、研发数据处理算法并为可持续发展目标服务,这是激光雷达遥感技术发展和应用的最终目的。

　　中国科学院空天信息创新研究院王成研究员团队长期致力于激光雷达遥感研究,近十年来创新发展了激光雷达定量化成像机理模型,构建了多平台激光雷达数据定量化处理与信息提取技术体系,解决了激光雷达在行业应用中的诸多难题,开发的"点云魔方"软件是我国第一套可以免费获取的激光雷达软件,已经被国内外数万用户下载使用。这些成果不仅在学术研究上具有原始创新性,陆续发表于国内外重要期刊,而且部分成果已实现行业推广应用和产业化,并获得了多项省部级科技奖励。

　　虽然激光雷达遥感在我国蓬勃发展,从业人数也快速增长,但我国尚缺少一部专门介绍激光雷达遥感的教科书。《激光雷达遥感导论》是一本兼顾学术专著和专业教材的著作,是王成团队多年研究工作的成果总结,也是其在中国科学院大学主讲"激光雷达遥感"这门课程的教学积累。该书结合具体实例数据,系统阐述了激光雷达遥感机理、多平台多模态激光雷达数据获取与处理方法以及多个典型行业的应用,并对激光雷达技术的发展前景进行了展望。

该书是我国首部全面系统介绍激光雷达遥感机理、技术和应用的著作,让读者对激光雷达遥感有一个全新的认识,是激光雷达遥感同行不可多得的参考资料。

该书付梓之际,特向业界推荐这部优秀著作。激光雷达技术在不断更新发展,需要新理论、新技术和新方法的支撑。期待激光雷达遥感同仁面向国际前沿,勇于创新,为激光雷达遥感技术的发展作出更大贡献。

中国科学院院士

2021 年 10 月 15 日

前　言

　　我与激光雷达遥感结缘于 2002 年 3 月在法国攻读博士学位时,研究课题是利用机载激光雷达和高光谱遥感数据研究威尼斯湿地植被,后来在美国做博士后期间开始森林结构参数反演研究。2009 年年底回国后在原中国科学院对地观测与数字地球科学中心组建了激光雷达遥感研究团队,开展的诸多研究都是围绕激光雷达地表参数反演算法与定量应用。十余年来,我指导了五十余名研究生,也多次到高校、科研院所以及企业做激光雷达遥感讲座,2015 年开始在中国科学院大学(原中国科学院研究生院)开设"激光雷达遥感"课程。其间,经常有同行(包括我的研究生)要我推荐一本系统学习激光雷达遥感的教材,我竟难以答复。

　　激光雷达遥感是对地观测领域的前沿技术,已在诸多行业得到了广泛而深入的应用,随之催生很多高校开设了激光雷达遥感或者激光三维扫描技术课程,尤其是测绘工程、遥感科学与技术以及地理信息科学专业,还有越来越多的高校在计划开设这门课程。在与高校教师的交流中发现,他们目前的授课内容大多基于老师自己的理解和一些公开资料,且受自身理论知识、实践应用或者研究方向所限,授课内容往往不够全面,也缺少实践的软件平台和典型应用的激光雷达数据,总体上不能很好地满足教学需求。因此大家普遍认为,亟需一套全面系统介绍激光雷达遥感原理、数据处理算法、行业应用以及能够指导实践操作的激光雷达遥感教材。

　　国内虽然已经出版了一些激光雷达相关的书籍,但以学术专著居多,大多是基于作者科研项目成果的总结,缺少一本通俗易懂且系统全面介绍激光雷达遥感基本知识的教材。此外,我和习晓环老师联合国内其他专家学者于2012 年发起成立了国际数字地球学会中国国家委员会激光雷达专业委员会(CNISDE-LiDAR),促进激光雷达遥感技术的学术交流和传播是其主要宗旨。撰写本套教材是该专业委员会的职责和义务,也为推动激光雷达技术在我国的发展贡献绵薄之力。

　　在同行的鼓励和大力支持下,我组织撰写了本套教材,包括《激光雷达遥感导论》和《激光雷达遥感实习教程》,旨在为初学者提供一套完整的学习材料。主要内容包括激光雷达遥感概念和机理、数据获取与处理、行业应用等，并免费提供团队自主开发的"点云魔方"数据处理与应用软件和各种激光雷达数据(点云、波形、光子数据等)，让读者能够系统全面地掌握激光雷达遥感的基础知识和实际操作技能。虽是教材，但书中所涉及的数据、算法、案例多是我们团队多年的研究成果(具体可参见网站 http://www.lidarcas.cn/)，也有部分内容来自国内外相关研究，在书中给出了参考文献。

感谢参与本书撰写的团队成员和研究生，他们是：习晓环、杨学博、聂胜、黎东、朱笑笑、曹迪、彭淑雯、劳洁英、王濮、梁磊、杜蒙、王砚田、王敬茹、乔怪雅、冯宝坤、刘一成、骆社周、秦海明、夏少波、肖勇、万怡平、刘洋、雷钊、王平华、赵海鹏、王方建、陈盼盼、张海清、王子家、刘丽娟、陆大进、李宏菲、宋宇等。此外，中国地质大学(北京)康志忠教授及其学生杨俊涛、曾利萍负责了第5章室内三维建模与导航部分的撰写，中国农业大学苏伟教授负责了第5章农作物监测部分的撰写，南京信息工程大学管海燕教授参与了第5章无人驾驶应用部分的撰写。在书稿的撰写过程中，美国北得克萨斯州立大学董品亮教授和潘霏霏教授、云南师范大学王金亮教授、河南理工大学张合兵教授和王宏涛副教授、中山大学张吴明教授等对本书内容提出了很多有建设性的建议，在此表示感谢。

本书的出版得到了国家自然科学基金面上项目(项目编号：41671434、41871264、42071405)的资助。郭华东院士给予本书高屋建瓴的指导，在此表示衷心感谢！也感谢中国科学院空天信息创新研究院和中国科学院大学对出版这套教材给予的支持！

激光雷达技术市场潜力和行业应用需求巨大，激光雷达技术的发展日新月异，新产品不断推陈出新。本书内容仅反映了作者的当前思想和部分研究成果，加之时间仓促，疏漏和错误之处在所难免，望广大读者批评指正。

本书的出版是团队过去十多年科研工作的总结，凝聚了包括我在内的五十余名成员(老师和历届研究生)的心血。希望这套教材能给国内同行提供一些有益的参考和借鉴，成为高校学子学习激光雷达遥感的有用之书。

王成

于中国科学院空天信息创新研究院

2021 年 10 月 1 日

目　　录

第 1 章

绪 论

1.1 激光雷达简介

1.1.1 激光雷达

"激光"来自英文"laser"(light amplification by stimulated emission of radiation),通过受激辐射的光放大,也译为"镭射"。1916 年,爱因斯坦发现了激光的原理,即原子受激辐射的光:原子中的电子吸收能量后从低能级跃迁到高能级,再从高能级回落到低能级时所释放的能量以光子形式放出。1964 年,我国科学家钱学森建议将"光受激辐射"改为"激光",这一概念沿用至今(范滇元, 2003)。

一提到激光,很多人会想到激光武器、激光切割、激光焊接、激光手术等,似乎激光是一种对人体极具杀伤力的光。事实上,激光是分等级的,根据激光对使用者的安全程度将其分为四级(陈日升和张贵忠,2007)(表 1.1)。

表 1.1 激光安全等级及特点

激光等级	安全性	功率/mW	特点
I	安全	<0.4	对人眼睛无危害;用于激光演示、显示;测绘、准直及调平等
II	一定危害	0.4~1.0	直视会晕眩,需要通过眨眼来保护,避免用远望设备观测,也可用于激光显示
III	a 危害	1.0~5.0	不能直视,不能照射人眼,作业时要避开行人
	b 危害	5.0~500.0	直视危险,照射眼睛会更危险
IV	非常有害	>500.0	高能量连续激光,有火灾危险;用于外科手术及激光切割、焊接等机械加工

最大允许照射量(maximal permissible exposure,MPE)被用来确定激光的防护等级,其定义为:正常情况下人眼或皮肤受到激光照射后立刻或长时间后无损伤发生的最大照射水平,但该值不适用于医学上对患者进行治疗或进行人体美容的激光照射。最大允许照射量与多个因素有关,如仪器所用的激光安全等级、激光波长、输出功率、脉冲持续时间、重复频率和接受激光辐射的时间等[①]。

激光雷达(light detection and ranging,LiDAR)是现代激光技术与光电探测技术相结合的产物。它以激光器为发射光源,发射高频率激光脉冲到被测物表面;以光电探测器为接收器件,接收被测物表面返回的回波信息。在工作原理上,LiDAR 与传统的微波雷达相似,区别在于 LiDAR 以激光(目前多采用 532 nm、1064 nm、1550 nm 波长)为载体来测距、定向,并可通过位置、径向速度、物体散射等特性来识别地物目标。LiDAR 的功能非常多,应用广泛,如未特殊指明,本书仅涉及测距功能的 LiDAR 系统,且只限于陆地应用。

1.1.2　激光雷达特点

1)激光雷达的优点

(1)主动遥感技术。LiDAR 系统主动发射高频率激光脉冲到被测物体表面,并接收地物表面返回的激光信号。

(2)获取地物三维空间信息快速、直接。这是 LiDAR 区别于其他传统遥感手段的最主要特点。

(3)方向性好,角度、距离和速度分辨率高。激光的发光方向通常可以限制在几毫弧度的立体角范围内,极大地提高了激光在照射方向上的照度,这也是激光准直、导向和测距的重要依据。

(4)对电磁干扰不敏感,抗干扰能力强。激光直线传播,光束非常窄、隐蔽性好;发散角小、能量集中,能够实现极高的探测灵敏度和分辨率。

(5)低空探测性能好。微波雷达易受各种地物回波的影响,低空探测时存在盲区;激光雷达只有照射到的目标才会产生反射,不受其他地物的影响。

(6)穿透性强。高频率的激光脉冲可以穿透植被冠层到达林下;蓝绿激光还可以穿透一定深度水体来获取水下地形信息和水质信息,在近海和内陆河湖的水下地形制图、水质监测中发挥作用。

2)激光测距与其他测距方式的区别

(1)激光测距与近景/航空摄影测量相比较。获取数据的形式不同,前者直接获取

---

① 　参见《激光产品的安全　第 1 部分:设备分类、要求》(GB 7247.1—2012/IEC 60825-1:2007)。

三维点云,后者获取照片/影像;获取数据的方式不同,LiDAR 系统通过测距和导航定位定向系统(position and orientation system, POS)直接计算地物目标的三维坐标,地面控制和外业作业工作量少,而摄影测量是同名点的匹配;数据解算方式、测量精度以及对测量环境的要求也不同,摄影测量对环境光线、温度等要求高,激光测距对这些因素不敏感。

(2)激光测距系统与微波雷达相比较。与功能类似的微波雷达相比,激光测距系统的体积更小、质量更轻,目前很多无人机搭载的轻小型激光雷达系统不足 1 kg。激光测距脉冲频率高、测量距离远、精度高、方向性好、抗干扰性强,具有一定的隐蔽性。

(3)激光测距系统与全站仪相比较。激光测距系统和全站仪都可以实现对不规则对象的精确测量,但前者属于非接触测量,无须设置反射棱镜,可以进行对复杂几何对象以及人员难以到达的危险地段的测量,采集数据效率高、密度高、分辨率高。全站仪是通过测量坐标点连接成线的方式进行测量,在面对诸如弧形等不规则对象时,需要通过多次测量大量的点才能完成,而激光测距则可以一次扫描完成。

3)激光雷达的缺点

激光雷达技术优势明显,但也有其不足。首先,激光也会受大气的影响,如在大雨、浓烟、浓雾等恶劣天气或环境下激光脉冲会急剧衰减,大气湍流也会降低激光雷达的测量精度。其次,激光雷达的波束窄,搜索目标困难,影响目标的截获概率和探测效率。最后,激光雷达获取的数据是离散三维点云,相对于传统二维遥感影像,其在地物目标分类方面稍逊色。

1.1.3 激光雷达分类

经过半个多世纪的发展,激光雷达种类越来越多,通常可根据搭载平台、探测方式及功能用途等对其进行分类。

1)按搭载平台分类

可分为天基、空基和地基激光雷达三类。天基激光雷达也称为星载激光雷达,主要以卫星、航天飞机、太空站等为平台(以卫星平台居多),特点是观测范围广,满足大尺度应用;空基激光雷达即通常意义上的机载激光雷达,主要以固定翼飞机、直升机、无人机等航空器为平台,特点是效率高、点密度高,特别适合长距离线状地物目标三维信息获取;地基激光雷达主要包括地面(三脚架固定)、船载、车载、背包、手持激光扫描仪等,特点是获取目标信息全面,包括室内空间,而且获取方式灵活。随着搭载平台的可视范围不断扩大(或搭载平台的不断升高),激光脉冲采样频率从高频向低频过渡,空间分辨率由高到低,观测范围也从小尺度到区域尺度,直至全球尺度(图 1.1)。

图 1.1　不同平台激光雷达系统特点

2）按测距模式分类

可分为脉冲式激光雷达和相位式激光雷达。前者主要利用激光脉冲在发射和接收信号之间往返传播的时间差来进行测量,特点是直接、测量距离长;后者是一种间接方式,利用无线电波段频率对激光光束进行幅度调制,测定调制光往返观测目标一次所产生的相位延迟,然后根据调制光波长计算此相位延迟所代表的距离,特点是量测距离较短,但脉冲频率更高。

3）按激光介质分类

可分为气体激光雷达和固体激光雷达。气体激光雷达利用气体或蒸汽作为工作物质来产生激光,以 CO_2 激光器为代表,特点是相干性好、波束窄、视场小、抗干扰能力强,同时还具有良好的大气传输性能和兼容性、使用安全等优点。固体激光雷达又可以分为半导体激光雷达和二极管泵浦固体激光雷达:前者以激光条为基本单元,输出功率、工作电流、损耗热较大;后者以 YAG 激光器为代表,采用高重复频率、高峰值功率的二极管泵浦固体激光器和高灵敏度的雪崩二极管探测器,体积小、质量轻、价格低。

4）按用途分类

可分为测距激光雷达、火控激光雷达、靶场激光雷达、跟踪识别激光雷达、侦毒激光雷达、多功能战术激光雷达、气象激光雷达、导航激光雷达等。本书内容如未特别说明仅涉及测距激光雷达。

5）按光斑大小分类

可分为大光斑激光雷达和小光斑激光雷达。大光斑激光雷达通常指地面光斑直径超过 10 m 的激光雷达,如星载激光雷达 GLAS(Geoscience Laser Altimeter System)的光斑直径约为 70 m,我国高分七号卫星激光测距仪光斑直径约为 17 m;通常点密度低、无法成像,但可获取全球范围的数据,在大尺度地学应用方面优势明显。小光斑激光雷达的光斑直径一般为厘米级甚至毫米级,系统发射脉冲频率高(目前机载双激光器系统可达 2000 kHz),获取的数据点密度和精度高。

6）按探测与记录方式分类

可分为离散点云激光雷达、全波形激光雷达和光子计数激光雷达。离散点云激光雷达最常见,商业化应用也最为广泛,例如,数字城市中建筑物三维重建、无人驾驶高精度地图制作、文化遗产数字化与三维重建等,大多基于激光雷达系统获取的点云数据。全波形激光雷达对回波进行连续采样,记录信息更为精细,能获取完整的目标垂直剖面信息。光子计数激光雷达不同于前两者,它采用高重频、微脉冲激光器和高灵敏度的单光子探测器,将回波信号(单光子级别)计数为光子点,优点是使用较低的激光能量即可获取远距离空间目标信息。

7）按探测对象分类

可分为大气激光雷达、海洋激光雷达和陆地激光雷达。大气激光雷达的激光器发射激光脉冲与大气中的气溶胶及各种成分作用后产生后向散射信号,探测器接收回波信号并对其进行处理分析,从而得到所需的大气物理要素,主要应用有云、气溶胶和边界层的探测,大气成分的探测和温度的探测等。海洋激光雷达的工作原理为激光器发射激光束在穿透海水时产生各种散射和荧光,被接收的信号用于探测海洋边界层的声速、温度、盐度的分布参数和油气烃类指示物。陆地激光雷达的激光脉冲到达树木、道路、桥梁和建筑物等地物目标上,一部分被反射并被接收器记录,继而得到从激光器到目标点之间的距离,融合传感器姿态和位置信息便可得到探测目标的精确三维坐标信息。如未特别指明,本书所提激光雷达为陆地激光雷达,大气、海洋激光雷达等不在本书探讨之列。

1.1.4　激光雷达发展历程

20 世纪 60 年代,美国科学家西奥多·哈罗德·泰德·梅曼[1]第一次将激光引入实用

---

[1]　西奥多·哈罗德·泰德·梅曼(Theodore Harold Ted Maiman),美国物理学家,1960 年 7 月 8 日他将窄幅频率的光辐射线通过受激辐射放大和必要的反馈共振,产生了准直、单色、相干光束,自此,世界首台红宝石激光器诞生。

领域,制造了世界上第一台激光器。1989 年,德国斯图加特大学研发了世界上第一台机载激光雷达样机。21 世纪以来,激光雷达进入蓬勃发展期,特别是在 2015 年之后,国内外的激光雷达研制工作蓬勃发展,各种成熟的商业化激光雷达产品不断推陈出新。本节将激光雷达的发展归纳为萌芽期、发展期和爆发期三个阶段。

1) 萌芽期(1960—1990)

激光的起源可追溯至 1916 年爱因斯坦第一次提出激光的概念,他从理论上预见了激光产生的可能性。1960 年,世界上第一台激光器问世,随后各种类型的激光器相继出现,如半导体激光器、氦氖气体激光器、CO_2 激光器等,其应用领域也日益广泛,包括激光打印、照排、显示,激光测距,条码扫描,工业探测,光纤通信等,激光因此也被称为 20 世纪重大科技发现之一。

激光器出现后,国内外的科学家将其应用于目标测距、测深和跟踪等。1964 年,美国国家航空航天局(National Aeronautics and Space Administration, NASA)发射的“探险者-22”(Explorer-22)卫星,首次利用搭载的角反射器实现激光测距;1968 年,美国锡拉丘兹大学建造了世界上第一个测深激光测量系统,实现了海洋近岸水深测量;1969 年,美国人造卫星测距系统精确测量了地球与月球之间的距离,激光雷达应用的巨大潜力也因此备受关注。1975 年,Riegl 公司开始生产固体二极管激光器和激光测距仪。20 世纪 80 年代,全球定位系统(Global Positioning System, GPS)、精密计时器和高精度惯性测量仪(inertial measurement unit, IMU)相继问世,使激光测量过程中的精确实时定位定姿成为可能,直接推动了激光雷达系统的出现。1989 年,德国斯图加特大学弗里兹·阿克曼[①]教授开始激光雷达系统原理样机的研制,通过将激光扫描技术与即时定位定姿技术相结合,生产了世界上第一台机载激光扫描仪,在激光雷达发展历程中具有里程碑意义。

2) 发展期(1990—2000)

20 世纪 90 年代以来,激光雷达系统研制进入快速发展期。1993 年,德国 TopScan 公司与加拿大 Optech 公司共同推出了首台商用机载激光雷达 ALTM1020(Airborne Laser Topographic/Terrain Mapping)系统,标志着激光雷达系统正式进入商业化时代。美国 Azimuth 公司也在 1997 年开始了激光雷达系统研制,2001 年该公司被徕卡(Leica)公司收购后,相继推出 ALS40、ALS50、ALS60 系统;瑞典 Saab 公司在 1995 年研制了测深激光雷达系统 HAWK Eye;奥地利 Riegl 公司于 1996 年推出了可用于机载、车载和船载的系列激光扫描仪。

我国在同期也开展了相关研究,原中国科学院遥感应用研究所李树楷研究团队成功

---

① 弗里兹·阿克曼(Friedrich Ackermann),全球摄影测量领域著名专家,因其在摄影测量研究方面取得的杰出成就而闻名于世。

研制了机载三维激光雷达成像系统原理样机。之后,浙江大学、哈尔滨工业大学、中国科学院上海光学精密机械研究所和中国科学院上海技术物理研究所等单位均开展了激光雷达硬件系统研制。

3) 爆发期(2000—2020)

进入 21 世纪,全球各应用领域对激光雷达技术的需求以每年 30% 的速度快速增长,国内外激光雷达市场呈现百花齐放的状态。

2001 年,徕卡公司进入激光雷达领域,将 AeroSensor 系统改名为 ALS40,并于 2003 年推出了 ALS50,两年后升级为 ALS50-Ⅱ;2006 年 10 月,推出了空中内插多脉冲(multiple pulses in air, MPiA)激光发射/接收新技术,极大地提高了激光点云密度,并应用于 ALS70、ALS80 系统。2005 年,Blom 公司推出了采用两个激光器的 HAWK Eye Ⅱ 机载激光雷达测深系统:532 nm 激光器(接收频率 4 kHz)用于水下探测,1064 nm 激光器(接收频率 64 kHz)用于海岸线测量。德国 IGI 公司也开发了 LiteMapper 2800 和 LiteMapper 5600 激光雷达系统。1996 年开始,Riegl 公司相继推出了可用于机载、车载和船载的系列激光扫描仪(如 LMS-Q140、LMS-Q560 等)和地面三维激光扫描系列(如 VZ400、VZ1000 和超长距离的 VZ4000、VZ6000 等),以及双通道双波段的机载激光雷达系统 VQ-1560i 等。

近年来,随着无人机技术的普及,机载激光雷达系统也向轻小型发展,体积小、质量轻、价格低、实用性强的无人机激光雷达系统迅速崛起。2014 年,Riegl 公司发布的 VUX-1 扫描仪成为世界上第一款轻小型无人机激光雷达,质量为 3.6 kg。2014 年,日本 HOKUYO 公司推出仅为 0.8 kg 重的 UXM-30LXH-EWA 系统,并陆续推出 UST-10LX/20LX、UXM-30LAH-EWA、UST-05LA 等,大部分都小于 1 kg。

与此同时,我国的商业化激光雷达系统也在飞速发展并紧追国际水平。在国家科技部重大科学仪器设备开发专项项目支持下,中国科学院上海光学精密机械研究所研制了机载双频激光雷达系统(贺岩等,2018),中国科学院微电子研究所(原中国科学院光电研究院激光雷达团队)先后研制了机载、车载、地面激光雷达系统以及中远程机载 Mars-LiDAR(李孟麟等,2013)。国内多家企业在激光雷达产业化进程方面成果斐然:北京北科天绘科技有限公司于 2005 年起推出了机载(A-Polit)、车载(R-Angle)和点站式(U-Arm)系列激光雷达,以及轻小型云莺(Clouds)和蜂鸟(Genius)系列;武汉海达数云技术有限公司从 2012 年开始,先后推出自主研制的地面激光扫描仪 HS、车载移动测量系统 HISCAN、机载激光测量系统 ARS 和"智喙"系列机载产品;成都奥伦达科技有限公司于 2019 年推出了 CBI 系列激光雷达测量系统,以及轻小型系列产品 CBI-120P 和 CBI-200P;深圳大疆公司在 2020 年发布了 DJI 禅思 L1 系统,集成了 Livox 激光雷达等。更多关于商业化激光雷达系统的内容,详见第 1.2.2 节。

21 世纪初,世界各国也开始瞄准星载激光雷达的研制和应用,总体来说,目前大多仍由国家航天部门牵头,尚未实现商业化。2003 年,NASA 发射了全球首颗星载激光雷达卫星 ICESat-1(Ice, Cloud and Land Elevation Satellite)/GLAS(Geoscience Laser

Altimeter System),2018 年发射了首颗星载光子计数激光雷达卫星 ICESat-2/ATLAS (Advanced Topographic Laser Altimeter System)以及搭载于国际空间站的 GEDI(Global Ecosystem Dynamics Investigation)传感器,为全球控制点库生产、极地冰盖变化和湖泊水位监测,以及全球森林高度、生物量、碳储量估算等研究提供了科学数据集。我国实施的一系列卫星计划也多次搭载了激光雷达系统:中国科学院上海技术物理研究所与上海光学精密机械研究所研制的激光高度计搭载于嫦娥一号、二号,有效获取了月球南北两极的高程数据;嫦娥四号搭载的激光三维成像仪、激光测距敏感器等,对嫦娥四号在月球背面软着陆方面功不可没,不仅提供了高精度的地形信息,而且实现了自主避障功能(吴伟仁等,2020)。我国于 2019 年发射的高分七号卫星和即将于 2022 年发射的陆地生态系统碳监测卫星的主要载荷也是激光测高仪,其他的星载激光雷达计划也正在规划或部署中。

1.2 激光雷达系统

1.2.1 激光雷达系统组成

搭载于不同平台的激光雷达系统组成稍有不同,但其核心都离不开激光扫描系统。图 1.2 展示了典型的星载、机载、地基激光雷达及系统组成。

本节以机载激光雷达系统为例,介绍其基本组成(图 1.3):激光扫描系统、全球导航卫星系统、惯性导航系统以及监视及控制系统。

1) 激光扫描系统

激光扫描系统包括激光测距单元和机械扫描装置。测距单元由激光发射器和接收机构成,负责激光信号的发射与接收,确定地面目标到激光器的距离、回波数量及激光回波强度信息。发射和接收激光束共用同一光孔,保证发射光路和接收光路是同一光路。激光束通常是一束很窄的光,发散度很小,照射到地面的范围即为激光光斑。激光被地物目标反射后,部分信号返回到接收机并被记录单元记录。机械扫描装置可通过机械的快速转动,使激光束从不同方向发射出去。扫描方式主要有摆镜扫描、旋转棱镜扫描、椭圆扫描、光纤扫描等,详细内容参见第 2.3 节。

2) 全球导航卫星系统

全球导航卫星系统(global navigation satellite system,GNSS)是在地球表面或近地空间的任何地点为用户提供全天候空间三维坐标和时间等信息的空基无线电导航定位系统,通常包括一个或多个卫星星座及其支持特定工作所需的增强系统。目前 GNSS 系统主要包括我国北斗、美国 GPS、俄罗斯 GLONASS、欧洲 Galileo 系统等(宁津生等,2013)。GNSS

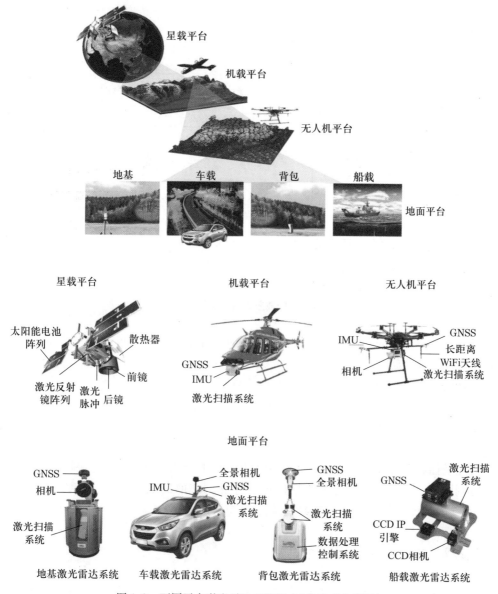

图 1.2　不同平台激光雷达系统组成(参见书末彩插)

在 LiDAR 系统中的主要作用有三:其一,与 IMU、激光器之间实现时间同步;其二,与 IMU 数据进行组合导航解算轨迹,提高位置和姿态精度;其三,提供导航数据给飞行平台。

3) 惯性导航系统

惯性导航系统(inertial navigation system,INS)主要包括惯性测量单元(inertial measurement unit,IMU)和导航处理器。IMU 是负责姿态测定的陀螺和加速度计等惯性单元的总称,通常由三个加速度计和三个陀螺、数字电路、中央处理器等组成,其作用是测量

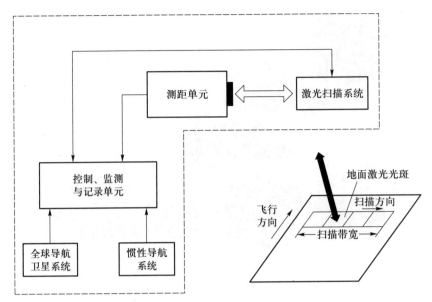

图 1.3   机载激光雷达系统组成

激光发射时刻扫描仪的姿态信息,包括俯仰(pitch)角、侧滚(roll)角和航向(heading)角。IMU 与 GNSS 构成定位定姿系统(position and orientation system,POS),提供位置和姿态信息,其精度直接影响激光雷达系统获取的点云数据精度。

4) 监视及控制系统

监测及控制系统控制激光扫描仪、GNSS 及 IMU 的工作状况,核心是保持激光雷达系统的协调同步工作,同时对获取的数据进行存储。获取的数据包括:距离、强度数据,GNSS 系统及 INS 系统等位置姿态数据,辅助数据等。

1.2.2   主要商业激光雷达设备

星载激光雷达系统的研制和维护等成本较高,加上应用的局限性(多限于科学研究),目前少有商业化设备面世。本节着重介绍商业化机载和地基激光扫描设备。

国外对激光雷达设备的研制较早,技术比较成熟。近 10 年来,我国很多企业和科研单位在激光雷达系统研制方面成果斐然。表 1.2~表 1.5 分别列举了国内外成熟的商业化机载和地基激光雷达系统,可以看出,经过十多年的发展,各种设备的主要性能参数已经有了极大提高,大部分设备以质量轻、体积小、使用方便为其主要目标。

表 1.2 国外部分机载激光雷达测量系统

参数	Optech	IGI	Leica Geosystems	Riegl	TopoSYS	TopEye	Fugro	Velodyne
系统	ALTM Gemini/3100	LiteMapper/5600	ALS 70	LMSQ1560	Harrier56/24, Falcom III	TopEye Mk II	FLI-MAP 400	Puck LITE
激光波长 /nm	1060	1550	1064	1550	1550	1064	1500	903
脉冲频率 /kHz	167	40~200	500	800	25~200	1~50	250	300
最大扫描角 /(°)	50	60	75	60	60	+/- 20, +/- 14 BWD/FWD	60	30
测距范围 /m	200~4000	30~1800	200~5000	50~5600	30~1000	60~750	50~400	10~500
POS 后处理软件	POS PAC	AEROoffice	GrafNav /IPAS Pro	AEROoffice /POS PAC	Applanix Pos /Pac	POS GPS TopEye PP	GrafNav /IPAS Pro	POS PAC
后处理软件	DASHMap	AEROoffice, GeocodeWF, TerraScan, TerraModeler	Leica ALS Post Processor, TerraScan, TerraModeler /TerraModeler	RiPROCESS560	TopPIT	TopEye PP&TASQ	FLIP7	Vella

表 1.3 国内部分机载激光雷达测量系统

参数 系统	北科天绘 云莺	海达数云 智喙 PM-1500	大疆 禅思 L1	中国科学院上海光学精密机械研究所 双频 Mapper5000	深圳大学 全波形测深	奥伦达 CBI-200P
激光波长/nm	1550	1550	905	陆地模式:1550 海洋模式:532/1064	532	905
脉冲频率/kHz	500	100~2000	240	陆地模式:100~400 海洋模式:5	10~100	1280
最大扫描角/(°)	75	75	95	陆地模式:30 海洋模式:15	20	360
测距范围/m	100~600	1500	100	陆地模式:300~1600 海洋模式:300~1100	200~5000	200
POS 后处理软件	POSPac 轨迹数据处理软件	智喙机载激光后处理系列软件产品	大疆智图 POS 数据后处理模块			ALiDAR 数据处理软件

表 1.4　国外部分地面三维激光扫描仪及性能指标

参　数	Leica	Riegl	Optech	Faro	Z+F	Topcon	Trimble
国　家	瑞士	奥地利	加拿大	美国	德国	日本	美国
产品型号	ScanStation P30/P40	VZ-1000	ILRIS-3D	FocusS 350	Imager 5010	GLS-2000	Trimble TX8
扫描类型	脉冲式	脉冲式	脉冲式	相位式	相位式	脉冲式	脉冲式
最大脉冲频率/kHz	1000	300	3.5	976	10167	120	1000
波长/nm	1550	1550	1535	1550	1350	1064	1500
射程/m	270	1400	1700	0.6~350	0.3~187	350	120
视场范围(水平×垂直)/(°)	360×270	360×100	360×110	360×300	360×320	360×270	360×317
测距精度/mm	1.2(+10 ppm)	5(100 m)	7(100 m)	1(25 m)	1(50 m)	3.5(150 m)	2(100 m)
数码相机	内置	外置	内置	内置	外置	内置	内置
工作温度/℃	−20~50	0~40	0~40	5~40	−10~45	0~40	0~40
扫描控制及数据处理软件	Cyclone,Cloudworks	RiScan Pro	ILRIS-3D Polyworks	SCENE &Pointtools EDIT, Geomagic,Rhinoceros	Laser Control, Light Form Modeller	ScanMaster	Rrimble FX Controller, 3DIpsos RealWorks

表 1.5 国内部分地面三维激光扫描仪及性能指标

参数	海达数云	北科天绘	思拓力	中科天维	华朗三维	讯能光电
产品型号	HS1200	U-Arm1500	X300 Plus	TW-A1000	HL1000	SC500
扫描类型	脉冲式	脉冲式	脉冲式	脉冲式	脉冲式	脉冲式
最大脉冲频率/kHz	500	300	40	500	36	36
波长/nm	1545	1550	915	1064	905	905
激光等级	1级	1级	1级	1级	1级	1级
射程/m	1200	1500	300(80%反射率)	1000	1200(90%反射率)	3000(90%反射率)
视场范围（水平×垂直）/(°)	360×100	360×300	360×180	360×300	360×100	360×300
测距精度/mm	5(100 m)	5~8(100 m)	4(50 m)	7(100 m)	1.2(50 m)	1.2(50 m)
数码相机	外置	外置	内置	外置	外置	内置
工作温度/℃	−20~65	−20~55	−10~50	0~50	0~40	0~40
扫描控制及数据处理软件	HD 3LS Scene	UIUA,JRC 3D Reconstructor	Si-Scan	—	—	3D Cloud Processor

1.2.3 数据格式及处理软件

1) 数据格式

如前所述,激光雷达类型众多,获取的数据形式多样,如全波形数据、光子计数数据、离散点云数据等,其中离散点云数据应用最为广泛。本节重点介绍几种常见的离散点云数据格式,如专门为存储点云数据设计的格式(LAS/LAZ、PTS/PTX、PCD 等),以及具备表达和存储点云能力的文件格式(计算机图形学领域的模型文件如 PLY、OFF 等)。

(1) LAS/LAZ 格式。LAS(Laser File Format)是一种专门为三维点云数据设计的文件格式,由美国摄影测量和遥感学会(American Society for Photogrammetry and Remote Sensing, ASPRS)管理和维护。LAZ 文件格式是 LAS 的无损压缩版本。LAS 文件格式采用二进制存储,可以保存激光点的三维坐标、强度、回波、RGB、扫描角等多种信息,是目前最为广泛使用的点云数据格式。

在 2019 年发布的 LAS 1.4 版本中,LAS 文件由公共文件头区、变长记录区、点数据记录区和可选的扩展变长记录区组成。公共文件头区包含一些描述数据整体情况的记录,如点记录数、坐标边界;变长记录区用来存储一些变长类型数据,如投影信息、元数据、波形数据包信息和用户应用数据等。

点数据记录了每个激光点的坐标和属性信息,LAS 1.4 格式支持 PDRFs(Point Data Record Formats)0~10 共计 11 种点类型,其中 PDRFs 6~10 为 ASPRS 推荐使用的点类型,PDRFs 0~5 主要用于兼容旧版本。每个 LAS 文件只能记录一种类型的点,在公共文件头区由"Point Data Format"字段标识。

LAS 文件中点坐标以长整型(4 字节)存储,相比直接采用双精度浮点型(8 字节)存储可以节省一半的存储空间。文件读写时,使用公共文件头区中的缩放因子(X_{scale},Y_{scale},Z_{scale})和偏移量(X_{offset},Y_{offset},Z_{offset})对点数据记录区的长整型数值(X_{record},Y_{record},Z_{record})进行转换,得到真实坐标信息($X_{coordinate}$,$Y_{coordinate}$,$Z_{coordinate}$),用式(1.1)表示为

$$\begin{cases} X_{coordinate} = X_{record} \cdot X_{scale} + X_{offset} \\ Y_{coordinate} = Y_{record} \cdot Y_{scale} + Y_{offset} \\ Z_{coordinate} = Z_{record} \cdot Z_{scale} + Z_{offset} \end{cases} \quad (1.1)$$

LAS 文件如果包含波形数据包,可作为扩展变长记录(extended variable length record, EVLR)存储在所有点数据记录的末尾,以方便对其分离或实体化。EVLR 存储格式为无符号超长整型(8 字节),允许存储比变长记录(variable length record, VLR)更多的信息。

LAZ 格式采用了分块压缩方法减小文件的体积,但同时会降低文件读写效率,主要用于对存储空间敏感而对读写效率不敏感的情况。

(2) PCD 格式。PCD(Point Cloud Data)是用于点云处理的开源编程库 PCL

（Point Cloud Library）的文件格式，有文本和二进制两种格式，能够存储和处理有序/无序的点云数据集，且支持 n 维点类型扩展。相比其他点云文件格式，PCD 能够最大限度适应并发挥 PCL 应用程序的最佳性能。

PCD 格式由文件头和点数据组成，文件头必须采用 ASCII 格式码保存，声明和存储了点云数据的数量、属性、类型等信息。点数据部分记录了点的坐标和属性，由文件头中的"FIELDS"字段可知每个点包含的维度和属性的名字。

（3）PTS/PTX 格式。PTX 和 PTS 是 Leica 扫描仪及配套软件使用的文件格式，均采用文本格式存储。PTX 格式采用了单独扫描的概念，每个文件中可以有一组或多组点云。一般每个扫描站点为一组，每组点云都提供了单独的头信息，包括行列数、扫描仪位置、扫描仪主轴和转换矩阵等。基于头信息和存储的点坐标，除计算激光点在统一坐标系中坐标外，还可以恢复每个激光点的扫描线信息。PTS 格式不保存原始的扫描站点信息，相比 PTX 格式更为简单，第一行为点云数量，其后每一行为一个单独激光点信息，包括坐标、强度、RGB 等信息。

（4）模型文件格式。模型文件普遍具有良好的标准化和通用性，被许多软件或开源库支持，部分应用于点云文件的保存，常见的包括 PLY、OFF 等。PLY（Polygon File Format）是一种计算机图形学领域用于保存图形对象集合的文件格式，采用文本或二进制存储。典型的 PLY 文件由顶点的 XYZ 坐标三元组列表和顶点列表索引描述的元素组成，包括文件头、顶点列表、面列表和其他元素列表。OFF（Object File Format）是一种使用多边形来表示模型几何形状的文件格式，同样采用文本格式存储。OFF 文件由文件头、顶点列表和多边形列表组成，每个多边形可以有任意数量的顶点，文件头中记录顶点、面片和边的数量。相比 LAS、PCD 等专门为点云设计的格式，模型文件格式除坐标外还能记录顶点间的拓扑关系以及其他一些属性信息，例如，PLY 数据格式可以记录 RGB、法向量等。

（5）文本文件格式。除上述有明确标准的文件格式外，文本文件凭借其广泛的兼容性也经常被用来保存点云数据，常用文本文件类型后缀包括 xyz、asc、neu、txt、csv 等。这类非标准化的文本文件灵活性较强，使用 ASCII 码按行存储点云，但读取时一般需要提前知道文件记录规则，否则无法正确解析。

2）激光雷达数据处理软件

近年来，各种新型激光雷达系统不断涌现，数据获取越来越便捷，与日俱增的行业应用需求对海量点云数据的高效处理提出巨大挑战。国内外激光雷达数据处理的软件较多，早期主要以国外软件为主，如 TerraSolid、CloudCompare 等，一些商业遥感软件如 ENVI、ERDAS、ArcGIS 等也集成了 LiDAR 模块。国内很多科研院所、企业和高校相继开发了自主产权的 LiDAR 数据处理软件，如点云魔方、LiDAR360 等。表 1.6 列出了当前几种常见的激光雷达数据处理软件及功能。

表 1.6　国内外主要激光雷达软件及功能

软件名称	三维显示功能	分类	交互编辑	批处理	地形应用	林业应用	电力应用	建筑应用
ArcGIS LiDAR	√	√	√	×	√	×	×	×
CloudCompare	√	×	√	×	×	×	×	×
ENVI LiDAR	√	√	√	×	×	×	√	×
FUSION	×	×	×	×	×	√	×	×
Global Mapper LiDAR Module	√	√	√	×	×	×	×	×
Quick Terrain Modeler	√	×	×	×	×	×	×	×
LiDAR360	√	√	√	√	√	√	√	×
LP360	√	√	√	√	√	×	×	×
PCC(点云催化剂)	√	√	√	×	√	×	√	×
PCM(点云魔方)	√	√	√	√	√	×	√	√
RiALITY	√	×	√	×	×	×	×	×
TerraSolid	√	√	√	√	√	×	×	×
ALiDAR	√	√	√	√	√	×	√	×

（1）TerraSolid。芬兰赫尔辛基大学研发的 TerraSolid 软件是国际首套商业化机载 LiDAR 数据处理软件。该软件运行于 Microstation 平台,涵盖了点云数据处理的大部分功能,主要包括 Terra Scan、Terra Modeler、Terra Photo、Terra Match 等模块。其中,Terra Scan 模块主要用于处理激光点云数据,Terra Modeler 用于建立地表模型,Terra Photo 用于生产正射影像,Terra Match 用于点云航带拼接。

TerraSolid 支持多种格式点云、影像、DEM 数据、矢量数据［dgn,dwg(MicroStation)］,点云、影像显示,航线管理,点云分幅和批处理,剖面交互,等高线生产模块、DEM 生产模块、地形分析模块,检校与坐标转换。其点云自动滤波为渐进不规则三角网(Triangular Irregular Network,TIN)加密滤波。专业应用包括电力线提取、林业分析和水文分析等。TerraSolid 缺点在于它是基于 MicroStation 二次开发的,用户在使用 TerraSolid 之前需先安装 MicroStation,因此该软件的一些功能与应用扩展受到一定限制,包括 TerraSolid 可视化和人机交互操作。

（2）CloudCompare。该软件使用 C++开发,可运行于 Windows、Linux 和 Mac 操作系统。它是一款三维点云(和三角形网格)处理软件,最初被设计用来比较两个密集的三维点云(如用激光扫描仪采集的点云),或者在点云和三角形网格之间进行比较。该软件依赖于一种特定的八叉树结构,具有很强的计算性能(如双核处理器笔记本电脑计算 300 万个点到 14000 个三角形网格的距离仅需约 10 s)。随后,它被拓展为一个通用的点云处理软件,包括许多高级算法(配准、重采样、颜色/法线向量/尺度、统计计算、传感器管理、交互式或自动分割以及显示增强等），可以方便地使用法向量优化、泊松构网、点云滤波等功能。

（3）ENVI LiDAR。ENVI LiDAR 的前身是 EXELIS VIS 公司（ENVI/IDL 原产商）开发的 E3De（The Environment for 3D Exploitation）。ENVI LiDAR 允许用户根据需要，通过创建 IDL（Interactive Data Language）工程文件来编写程序实现指定功能，具备良好的二次开发能力。作为一款高度集成的软件，操作简单，对用户要求不高；支持 LAS、NITF LAS、ASCII 和 LAZ 文件等；具备交互式截面可视化、可视域分析、三维可视化飞行浏览及编辑、点云特征提取与分类等功能。专业应用包括森林资源调查、城市扩建制图、地形可视化和电力线勘察决策等。

（4）点云魔方。点云魔方（Point Cloud Magic，PCM）由中国科学院空天信息创新研究院开发，是具有完全自主产权的激光雷达数据处理与应用软件。2015 年 10 月首次发布，2020 年 11 月 2.0 版本发布，主要特色为：采用扁平化主题风格与数据管理平台；软件功能涵盖点云基础工具、点云滤波、地物分类、矿山测绘、林业应用、建筑物三维建模、文化遗产三维建模、输电线路安全分析、输电通道三维重建、农作物监测等，并提供可自定义化的工作流设置。基本功能包括：①基础平台：支持打开点云数据、模型数据、影像数据及矢量数据，并支持按高程、类别、RGB、强度、GPS 时间等方式渲染点云数据；支持剖面操作；支持单点、多点选择、距离量测；支持点云数据裁剪、属性更改等交互操作。②基础工具：支持对点云数据分块、合并、裁剪、筛选、格式转换、属性统计等基础操作。③机器学习分类：支持随机森林、神经网络、梯度提升机（Light Gradient Boosting Machine，LightGBM）三种分类器，并可自定义参数。④其他功能：提供多达 20 种界面风格切换，满足用户的视觉体验，且用户可以根据个人习惯设置各种操作等。

（5）LiDAR360。由北京数字绿土科技有限公司自主研发，支持海量点云的可视化、分类、分析、提取、编辑、建模、多元数据格式导出；支持多种格式点云、影像、DEM 数据、矢量数据（shp/dxf），以及其他自定义数据格式（LiData、LiModel），自动匹配来自不同航线的航带生成高精度点云；提供自动/半自动分类，快速分离地面、植被、建筑物、电力线等，可通过剖面工具交互式编辑点云类别；提供地形应用模块，包括生成高精度地形模型，DEM 交互式编辑，创建坡度、坡向、等高线、粗糙度图，以及生成正射影像模型等；提供电力应用模块，包括电力线分类和拟合、危险点监测等；提供林业应用模块，如森林统计变量提取。

1.3 激光雷达遥感应用简介

激光雷达技术早期主要用于军事领域，随后在民用领域得以推广，应用范围不仅包括地球表面的陆地和海洋，而且涵盖大气层、月球、水星、火星表面。本书主要关注激光雷达陆地应用，研究对象包括陆地上的大部分地物，涵盖国民经济和社会发展的诸多领域。以下简要介绍目前几个具有代表性的应用方向，详细介绍参见第 5 章。

1) 基础测绘

激光雷达的最大优势在于可以直接获取高精度的三维空间信息,如星载激光雷达可对全球范围内高程进行亚米级量测,为制作全球高精度控制点提供支持。机载激光雷达获取的高密度高精度点云经滤波、分类处理得到地面点云,并通过构建不规则三角网(TIN)生成数字高程模型(digital elevation model,DEM)、数字线划图(digital line graphic,DLG)和等高线图等基础测绘产品,为其他应用提供数据支持。

2) 林业调查

高频率激光脉冲可以穿透森林冠层到达地面,不仅可以获取精细的冠层垂直结构信息,还可以获取林下地形信息,进而反演高精度的森林结构参数,如树高、生物量、冠幅大小、叶面积指数(leaf area index,LAI)等。激光雷达克服了光学影像在反演森林 LAI 时植被指数饱和的难题,大幅提高了反演精度。另外,地基激光雷达可以获取植株胸径、枝下高等,为林业资源调查提供高效、高精度的基础数据支持。

3) 数字城市

建筑物三维建模是数字城市建设的重要内容,尤其是"实景三维中国"建设对三维空间信息提出了前所未有的需求。机载和地面激光雷达系统可以对城市建筑物和环境进行多角度、全方位快速扫描,得到建筑物完整的三维点云数据,通过数据处理和三维建模,提供数字城市建设中所需要的高精度、可量测的真三维数字模型。还可将这些三维模型置于网络中,实现城市环境的实时展示与交互呈现,以及用户沉浸式体验。

4) 数字电网

激光雷达在数字电网建设中的应用可以覆盖电网建设的全过程,如线路设计与规划、电力基础设施三维数字化、危险点检测与预警分析等。在线路设计阶段,三维点云数据及成果可以直观反映整个线路区域内的地形和地表覆盖状况,为选线设计、终勘定位、三维模拟以及施工量测算等提供科学依据。在线路安全巡检中,可精确探测电力线、电力塔等位置,三维显示线路与走廊内地物的空间位置关系,进行电力线与地面、电力线档距、电力线与线下植被安全距离分析等。结合杆塔上安装的温度、风速等监控设备数据,可模拟不同工况下电力线弧垂变化并进行危险点分析等。对多期数据进行对比分析,还可以分析输电线路走廊内地物的变化(树木生长、违章建筑等)及对线路安全运行可能产生的威胁等。

5）农作物监测

激光雷达回波能够精确描述激光穿透冠层的特性,提供了垂直方向上的精细冠层结构信息,这一特性使其在农作物等低矮植被中的应用成为可能。例如,利用机载和地基激光雷达数据实现作物株高、叶面积指数、叶倾角、光合有效辐射吸收比率(fraction of absorbed photosynthetically active radiation,FPAR)和地上生物量等参数反演,也可以融合高/多光谱数据进行农作物分类与制图。

6）文化遗产数字化与保护

石刻、石窟、古建筑等文化遗产是古人留下的宝贵财富,对其进行数字化三维建模,不仅可以从形式上进行全方位展示,而且对于三维数字存档、永久保存和传播具有重要意义。激光雷达技术可以直接、快速获取这些遗产表面高精度、高密度的三维空间信息,结合系统内置的高分辨率数码相机获取物体及其细部特征信息,构建真三维数字模型。地面三维激光扫描技术还可以实现考古现场数字化记录与保存,如进行文物的三维量测、分析遗址表面侵蚀情况等,实现考古过程的动态展示、数字化记录和变化分析。机载激光雷达可以获取林下地形信息,为林下考古提供基础数据支持。

7）无人驾驶

激光雷达根据激光遇到障碍物的折返时间,计算与目标之间的相对距离。在无人驾驶领域,激光雷达可以帮助汽车自主感知道路环境、自动规划行车路线,并控制车辆到达预定目的地。激光光束还可以准确测量视场中物体轮廓边缘与设备间的相对距离,利用轮廓点云并通过三维建模绘制出 3D 环境地图,精度可达到厘米级。

8）交通线路规划

精细的公路建模是道路工程设计、路面检测以及三维可视化等应用中的一项重要工作,传统方法诸如 GNSS 或全站仪的单点测量,仅能获取离散数据,而且受路面车辆影响,难以完整而精确地反映道路情况。不同于单点定位方式,激光雷达可以通过扫描获取高精度道路三维坐标,且无须建立控制点网,经过数据处理,得到公路全景的高精度三维数字模型。铁路隧道施工也将激光雷达技术作为一项重要的检测手段,如隧道施工的过程监测、放样,高精度断面图生成、进行爆破面积和体积分析、开挖土方量计算、开挖隧道壁的平整度分析、超欠挖分析、隧道掘进方向检校等。近年来,随着我国高速铁路飞速发展,激光雷达在轨道微变化的快速检测中也大显身手。

9）矿山监测

目前,大型、超大型矿山越来越多,特别是露天矿面临着开采规模不断扩大、开采深度逐渐加深的问题,给煤矿边坡岩、土体等稳定性带来威胁。激光雷达技术可以在很大程度上将点测量扩展到面测量,深入露天矿边坡等复杂现场环境及空间中,直接获取这些大型、复杂实体的完整三维空间数据,并快速重构出目标的三维模型,通过多时相监测获取边坡等矿体的变形信息,为边坡安全监测提供数据支持。

10）其他应用

除了上述应用,激光雷达还可应用于近海岸地形测绘、河流测量及水灾评估、大坝变形监测等领域,限于篇幅,本节不再详述,感兴趣的读者可以查阅相关文献进一步了解。

1.4　小　　结

本章简要介绍了激光雷达的起源、特点、分类和发展历程,以及激光雷达系统组成单元,总结了当前常见的国内外商业激光雷达设备与数据处理软件,简要说明了激光雷达遥感的几个代表性应用方向。

习　　题

（1）简述激光雷达的特点。
（2）激光雷达系统由哪几部分组成?简要说明各部分的作用。
（3）列举五种激光雷达分类方法。
（4）激光雷达点云数据格式有哪些?详细介绍一种主要的数据格式。

第 2 章

激光雷达遥感原理

激光雷达遥感原理是进行后续数据获取、数据处理与行业定量应用的理论基础,涉及空间科学、计算机科学、地球科学、机械、电子等多个领域。本章首先介绍激光雷达系统的测距原理和辐射原理,然后根据不同搭载平台、探测与数字化记录方式,分别阐述星载、机载、地基平台,以及全波形、离散点云、光子计数激光雷达的工作原理,最后简要介绍大气和太阳等外部环境对激光信号的影响机制。

2.1 激光雷达测距原理

激光测距是激光雷达非常重要的应用,主要有两种测距模式:脉冲式和相位式,下面分别介绍其原理。

2.1.1 脉冲式测距原理

目前,大部分激光雷达系统都采用脉冲测距模式,即激光器向目标发射一束很窄的激光脉冲(脉冲宽度通常小于 50 ns),部分脉冲被障碍物反射后返回到接收器,系统通过记录脉冲从发射到返回的时间间隔(time of flight,TOF),计算激光器与目标间的距离(图2.1):

$$R = \frac{1}{2} \cdot c \cdot t \tag{2.1}$$

其中,R 是激光器与目标间的距离,c 是光在空气中的传播速度,t 是激光从发射到接收的时间间隔。

对公式(2.1)求微分可得:

$$\Delta R = \frac{1}{2} \cdot c \cdot \Delta t \tag{2.2}$$

其中,ΔR 是测距分辨率,表示能够区分两个物体的最小距离,由时间采样间隔 Δt 决定。

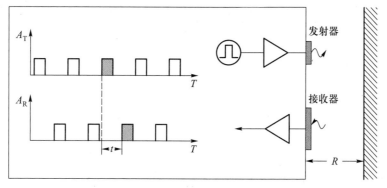

图 2.1　脉冲激光测距原理

A_T 为发射信号强度, A_R 为接收信号强度

此外,为了保证能够区分不同波束的激光回波,脉冲式激光测距系统必须在接收到上一束激光脉冲的回波信号后再发射下一束激光脉冲,因此需要考虑最大量测距离 R_{max}(赖旭东, 2010)。R_{max} 由测量的最长时间(t_{max})决定,计算方法为

$$R_{max} = \frac{1}{2} \cdot c \cdot t_{max} \tag{2.3}$$

在实际应用中, R_{max} 还受到激光功率、光束发散度、大气传输、目标反射特性、探测器灵敏度、飞行高度和飞行姿态记录误差等因素影响。

2.1.2　相位式测距原理

相位式激光测距系统也称"连续波式测距系统",系统发射由激光器进行频率调制的连续激光信号,经目标物反射后返回到接收器,通过计算激光在往返行程中产生的相位变化,得到目标与激光器间的距离(图 2.2)。通常相位式测距系统的脉冲频率和测距精度高于脉冲式测距系统。

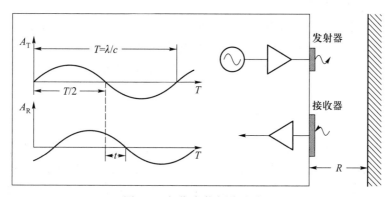

图 2.2　相位式激光测距原理

假设调制后发出的连续波激光信号是周期为 T 的正弦波形,则相位差量测的时间间隔 t 与周期 T 的比值是发射波与接收波间相位差 ϕ 与 2π 的比值,即

$$\frac{t}{T}=\frac{\phi}{2\pi} \tag{2.4}$$

根据式(2.4),目标与激光器间的距离 R 可表示为

$$R=\frac{c}{2}\cdot\frac{T}{2\pi}\cdot\phi \tag{2.5}$$

其中,周期 T 为正弦波调制频率 f 的倒数,则 R 可表示为

$$R=\frac{1}{4\pi}\cdot\frac{c}{f}\cdot\phi \tag{2.6}$$

其中,光速与频率之比 $\frac{c}{f}$ 为波长 λ,因此,距离 R 可表示为

$$R=\frac{\lambda}{4\pi}\cdot\phi \tag{2.7}$$

对式(2.7)求微分,得到相位式激光测距分辨率 ΔR 为

$$\Delta R=\frac{\lambda}{4\pi}\cdot\Delta\phi \tag{2.8}$$

与脉冲式测距系统的测距分辨率[式(2.2)]相比,公式(2.8)表明,相位式测距系统的测距分辨率与激光波长相关。在相同相位分辨率下,可以通过使用更短的波长来提高相位式测距系统的测距分辨率,而脉冲式测距系统的测距分辨率只与时间分辨率有关。因此,相位式测距系统可用于高测距精度的应用,例如,对于 1 GHz 调制频率、信号周期为 1 s 的连续波信号,假设相位分辨率为 0.4°,则相位式测距系统的测距分辨率为 0.1 mm,而如果要达到相同的测距分辨率,脉冲式测距系统必须具有 1 ps 时间分辨率,这对时间间隔计数系统的硬件要求非常高。

尽管相位式测距系统更适用于高精度测距应用,但通常多应用于近距离探测,主要是因为连续发射激光信号需要较高的功率,同时容易造成测距模糊。当连续波传输时间为一个周期时,相位式测距系统能够唯一确定测量目标,其最大量测距离 $R_{\max}$ 为

$$R_{\max}=\frac{\lambda}{4\pi}\cdot\phi_{\max}=\frac{2\pi}{4\pi}\cdot\lambda=\frac{\lambda}{2} \tag{2.9}$$

公式(2.8)表明,相位式测距系统的测距分辨率(ΔR)与相位差量测精度($\Delta\phi$)和激光波长(λ)有关。所用的激光波长越短,其测距分辨率越高,因而相位差测距易获得较高的距离分辨率。但公式(2.9)表明,最大量测距离($R_{\max}$)由波长(λ)决定,波长越长,最大量测距离越大。因此,长距离量测与高测距分辨率无法在连续波测距系统中兼得。为满足实际应用,相位式激光测距系统通常配备能够调节多个频率的发射信号调频装置。同

时,由于高能量的相位式激光器很难实现,目前多数激光雷达系统都采用脉冲式测距系统。本书后文提及的激光雷达系统均基于脉冲式测距原理。

2.1.3 激光雷达测距精度

测距精度 σ 是激光测距系统的一个关键参数,其概念不同于测距分辨率 ΔR。测距分辨率是指同一激光束能够区分两个物体间的最小距离,而测距精度是指存在噪声的情况下对目标距离参数估值的标准偏差,与测距信号信噪比(signal-to-noise ratio,SNR)和发射脉冲参数有关(Wehr and Lohr,1999)。

通常,脉冲式测距精度和相位式测距精度分别用式(2.10)和式(2.11)表示:

$$\sigma_{R_{\text{pulse}}} \propto \frac{c}{2} \cdot t_{\text{rise}} \cdot \frac{\sqrt{B_{\text{pulse}}}}{P_{R_{\text{peak}}}} \tag{2.10}$$

$$\sigma_{R_{\text{cw}}} \propto \frac{\lambda}{4\pi} \cdot \frac{\sqrt{B_{\text{cw}}}}{P_{R_{\text{av}}}} \tag{2.11}$$

其中,$\sigma_{R_{\text{pulse}}}$ 是脉冲测距精度,$\propto$ 表示正比关系,t_{rise} 是脉冲上升时间,B_{pulse} 是脉冲测距的噪声带宽,$P_{R_{\text{peak}}}$ 是脉冲接收功率峰值;$\sigma_{R_{\text{cw}}}$ 是连续波测距精度,λ 是连续波波长,B_{cw} 是相位差测距的噪声带宽,$P_{R_{\text{av}}}$ 是连续波测距接收功率平均值。

为了比较两种测距模式的性能,假设对同一目标进行测量,则接收功率与发射功率成正比,此处用发射功率代替接收功率,即用脉冲激光发射功率的峰值 $P_{T_{\text{peak}}}$ 代替 $P_{R_{\text{peak}}}$,用连续波发射功率的平均值 $P_{T_{\text{av}}}$ 代替 $P_{R_{\text{av}}}$,得到:

$$\frac{\sigma_{R_{\text{pulse}}}}{\sigma_{R_{\text{cw}}}} \propto 2\pi \cdot \frac{c}{\lambda} \cdot t_{\text{rise}} \cdot \frac{P_{T_{\text{av}}}}{P_{T_{\text{peak}}}} \cdot \sqrt{\frac{B_{\text{pulse}}}{B_{\text{cw}}}} \tag{2.12}$$

假设:

$$t_{\text{rise}} \propto \frac{1}{B_{\text{pulse}}} \tag{2.13}$$

则从式(2.12)可以得到:

$$\frac{\sigma_{R_{\text{pulse}}}}{\sigma_{R_{\text{cw}}}} \propto 2\pi \cdot f \cdot \sqrt{\frac{t_{\text{rise}}}{B_{\text{cw}}}} \cdot \frac{P_{T_{\text{cw}}}}{P_{T_{\text{peak}}}} \tag{2.14}$$

假设脉冲测距的脉冲上升时间是 1 ns、发射功率峰值是 2000 W,相位式测距的频率是 10 MHz、带宽是 7 kHz、平均发射功率是 1 W,则根据公式(2.14)可以计算出脉冲测距和连续波测距精度的比值约为 0.012。因此,虽然脉冲式激光雷达使用的发射功率是相位式激光雷达的 2000 倍,但其测距精度理论上仅能达到相位式测距精度的 85 倍。

2.2　激光雷达辐射原理

　　激光雷达系统通过发射脉冲信号并接收返回的能量来对物体表面进行非接触的探测,其遥感过程主要可分为四个步骤(图 2.3):①激光到目标的传输,即脉冲下行;②目标与信号的相互作用,包括散射、吸收与透射等;③散射光到探测器的传输,即脉冲上行;④接收器对散射光的接收。最终接收的信号是传感器性能、观测物体表面特性以及周围环境等因素的综合表达。为了能够从激光雷达信号中还原遥感过程、反演目标信息,需要了解激光雷达遥感的辐射原理。本节用激光雷达方程来表示,这也是描述激光雷达成像过程的理论基础。

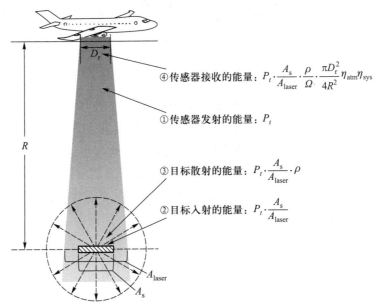

④传感器接收的能量:$P_t \cdot \dfrac{A_s}{A_{\text{laser}}} \cdot \dfrac{\rho}{\Omega} \cdot \dfrac{\pi D_r^2}{4R^2} \eta_{\text{atm}} \eta_{\text{sys}}$

①传感器发射的能量:P_t

③目标散射的能量:$P_t \cdot \dfrac{A_s}{A_{\text{laser}}} \cdot \rho$

②目标入射的能量:$P_t \cdot \dfrac{A_s}{A_{\text{laser}}}$

图 2.3　激光脉冲与地物目标相互作用过程

P_t—传感器发射能量;A_s—散射体有效面积;A_{laser}—激光光斑面积;ρ—散射体反射率;
Ω—地物的散射立体角;R—激光传输距离;D_r—接收口径直径;η_{atm}—大气传输影响;
η_{sys}—传感器系统对信号发射、接收和处理的影响

2.2.1　激光雷达方程

　　激光束穿透大气、与散射体相互作用并返回接收器的这一物理过程十分复杂,因此需要对遥感过程进行简化。通常基于两个假设:①激光器发射的能量在光斑内均匀分布;②散射体将入射能量均匀地散射到立体角为 Ω 的圆锥体中(Wagner $et\ al.$, 2006)。在此基础上,激光雷达方程推导过程如下。

激光束打在某一散射体表面的光斑面积 A_{laser} 为

$$A_{\mathrm{laser}} = \frac{\pi R^2 \beta_t^2}{4} \tag{2.15}$$

其中，R 为散射体与激光器间的距离，β_t 为激光脉冲发散宽度。依据基本假设①，散射体表面的能量密度 S_s 表示为

$$S_s = \frac{4P_t}{\pi R^2 \beta_t^2} \tag{2.16}$$

其中，P_t 是发射能量，S_s 描述了激光脉冲能量密度随传输距离 R 增加而逐步衰减的性质。考虑散射体的反射率 ρ 及其有效面积 A_s，散射出的能量 P_s 表达为

$$P_s = \frac{4P_t}{\pi R^2 \beta_t^2}\rho A_s \tag{2.17}$$

依据基本假设②，若圆锥体与接收器视野存在重叠，则返回信号的能量密度 S_r 可表示为

$$S_r = \frac{4P_t}{\pi R^2 \beta_t^2}\rho A_s \frac{1}{\Omega R^2} \tag{2.18}$$

最后，综合考虑接收器天线孔径以及大气和硬件系统影响，单个散射体的激光雷达方程可表示为

$$P_{\mathrm{R},i}(t) = \frac{4P_t}{\pi R^2 \beta_t^2}\rho A_s \frac{1}{\Omega R^2} \cdot \frac{\pi D_r^2}{4}\eta_{\mathrm{atm}}\eta_{\mathrm{sys}} \tag{2.19}$$

其中，$P_{\mathrm{R},i}(t)$ 表示 t 时刻散射体 i 返回的回波功率，D_r 是激光雷达系统接收器的直径，Ω 表示地物的散射立体角，η_{atm} 表示信号传输过程中大气的影响，η_{sys} 表示传感器系统对信号发射、接收和处理的影响。

将所有与散射体有关的参数进行合并，称为"激光雷达截面"（laser radar cross section，LRCS）（戴永江，2002），表示为

$$\sigma = \frac{4\pi}{\Omega}\rho A_s \tag{2.20}$$

从式（2.20）可以看出，激光雷达截面由散射体面积 A_s、反射率 ρ 和散射方向 Ω 决定。

如果在激光信号传播路径上包含多散射体，接收信号则可表示为激光雷达方程的一般表达式，即

$$P_{\mathrm{sum}}(t) = \sum_{i=1}^{N} \eta_{\mathrm{atm},i}\eta_{\mathrm{sys},i}\frac{D_r^2}{4\pi R_i^4 \beta_t^2}P_t * \sigma_i(R_i) \tag{2.21}$$

其中，$P_{\mathrm{sum}}(t)$ 表示 t 时刻传感器接收 N 个散射体返回信号的累积，t 与 R_i 的关系为 $t = 2R_i/c$，$*$ 表示卷积运算。

2.2.2 激光雷达回波模型

激光脉冲在传播过程中遇到距传感器不同距离的目标物时会发生多次反射,每次反射回来的信号其传输距离和强度均不同,将信号强度按照时间进行记录即为激光回波。激光回波 $P_{sum}(t)$ 可以量化为以时间为横轴、强度为纵轴的波形(图 2.4)。理论上来说,通过分析波形即可反演地物目标的特征。然而,激光雷达方程中很多参数难以准确获取,如 η_{atm} 和 η_{sys} ,并且不同地物、不同观测条件下 Ω 和 ρ 等参数也千差万别,很难通过分析激光波形直接反演地物目标特征。因此,在实际应用中通常需要基于一定的假设来对激光雷达方程进行简化。

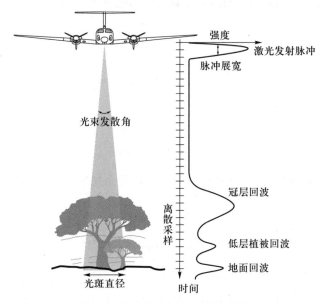

图 2.4　激光雷达回波波形示意图

激光雷达回波波形是发射脉冲与地物目标作用的结果。由于系统发射的脉冲强度在时间域上接近高斯分布,地物目标与脉冲相互作用过程可用传递函数表示,因此激光回波可表达为发射脉冲与系统传递函数在时间域上的卷积,通常用混合高斯模型近似描述,即把激光回波 $P_{sum}(t)$ 视作多个高斯函数的叠加:

$$P_{sum}(t) = \sum_{i=1}^{N} f_i(t) \tag{2.22}$$

$$f_i(t) = A_i e^{-\frac{(t-\mu_i)^2}{2\sigma_i^2}} \tag{2.23}$$

其中, $f_i(t)$ 表示第 i 个高斯分量, A_i 、 μ_i 和 σ_i 分别表示该分量的振幅、均值和标准差。基于该原理可采用混合高斯函数对波形进行分解,反演得到地物目标特征参数(如反射率、几何形状等)。关于波形分解的内容详见第 4.2 节。

2.2.3　激光雷达辐射传输模型

除了基于极强假设的激光雷达方程和激光回波模型,一些学者还开展了相对复杂的激光雷达辐射传输模型(radiative transfer model,RTM)研究。辐射传输模型是研究地表特性与激光信号之间关系的重要工具,旨在通过精细描述和控制地物场景来模拟激光雷达信号。

国内外学者已经发展了多种模拟激光雷达信号的模型,具体可分为半经验模型、解析模型和计算机模拟模型(表 2.1)。其中 Blair 和 Hofton(1999)提出的半经验模型采用数字表面模型(digital surface model,DSM)或类似方法来表示地物和地表的高程起伏和分布,但是只考虑了激光在地物表面的单次散射。Sun 和 Ranson(2000)建立了三维激光雷达波形模拟模型,该模型将地物场景简化为一系列三维混浊体素,也仅考虑光线的单次散射。Ni-Meister 等(2001)建立了基于三维几何光学辐射传输(geometry optics radiative transfer,GORT)的激光雷达波形模拟模型,该模型将地面简化为固定坡度或无起伏的平面,并假设地面有相同的反射率,且地物冠层为单层林或双层林。这些半经验模型和解析模型都对地物场景和光线传输过程做了极大简化和极强假设,虽然模拟速度快,但精度有待提高。

随着计算机技术的发展,一系列基于蒙特卡罗光线追踪(Monte Carlo ray tracing,MCRT)(Pharr *et al.*, 2016)的激光雷达计算机模拟模型应运而生,如 DART 模型、FLIGHT 模型等(Gastellu-Etchegorry *et al.*,2016;North *et al.*, 2010)。这些模型在场景模拟和光线传输过程中假设较少,模拟精度高。按照光线追踪的方向,可将其分为正向追踪、反向追踪和双向追踪模型。其中,正向追踪是以激光光源为起点进行光线追踪,记录最终能够进入激光接收器的信号;反向追踪是从激光接收器出发进行路径追踪;双向追踪则是从激光光源和接收器同步进行光线追踪。不同的追踪模型都是为了生成无数条从激光光源到接收器的可能光路。对于接收视场大于发射视场的激光雷达系统来说,通常双向追踪模型精度最高,正向追踪模型次之,反向追踪模型最低。

表 2.1　激光雷达辐射传输模型

类型	模型	特点	文献
半经验模型	DSM-based model	以 DSM 数据作为先验知识,只考虑单次散射	(Blair and Hofton, 1999)
解析模型	3D LiDAR model	将冠层模拟为混浊体素,只考虑单次散射	(Sun and Ranson, 2000)
	3D GORT model	冠层为单层林或双层林,地表为平地或固定坡度的坡地	(Ni-Meister *et al.*, 2001)

续表

类型	模型	特点	文献
	DART-RC	正向追踪	(Gastellu-Etchegorry *et al.*, 2016)
	FLIGHT	反向追踪	(North *et al.*, 2010)
	DIRSIG	正向追踪	(Goodenough and Brown, 2017)
计算机 模拟模型	LIBRAT	反向追踪	(Disney *et al.*, 2009)
	RAYTRAN	正向追踪	(Govaerts and Verstraete, 1998)
	FILES	正向追踪	(Kobayashi and Iwabuchi, 2008)
	DART-Lux	双向追踪,精度高,速度快	(Yang *et al.*, 2021)

2.3 不同平台激光雷达系统工作原理

激光雷达(LiDAR)系统根据其不同应用需求,可搭载于不同的平台,如星载(天基)、机载(空基)、地基(车载、背包、固定基站)等,本节介绍不同平台激光雷达工作原理。

2.3.1 星载激光雷达系统工作原理

目前,星载 LiDAR 系统主要有 ICESat/GLAS、ICESat-2/ATLAS、GEDI 和高分七号,其中 ATLAS 采用微脉冲光子计数技术,将在第 2.4 节介绍,本节仅介绍采用波形记录方式的星载 LiDAR 系统工作原理。

星载 LiDAR 系统运行轨道高,观测范围广,可以进行多次重复观测,已广泛应用于地球表面及其他行星表面地形和地物结构探测。每个激光光束通常在地面形成一个较大的光斑,如第一代 ICESat 上搭载的 GLAS 系统,光斑直径约为 70 m(Schutz *et al.*, 2005);用于全球森林生物量监测的 GEDI 系统,在地面形成的光斑直径约 25 m(Dubayah *et al.*, 2020);我国高分七号卫星搭载的激光测高仪系统,光斑直径约 17 m(Li *et al.*, 2020)。

星载 LiDAR 系统光斑直径较大,接收的地面信号与地物信号易发生混叠,因此多采用垂直探测模式,即垂直向地面发射激光脉冲。然而,为了能够收集更多的地表观测数据,一些星载 LiDAR 系统采用多波束信号调制的方式在地面形成更密集的光斑。信号调制会使发射的激光脉冲轻微倾斜,但倾斜程度通常为毫弧度级别,可忽略不计。

图 2.5 显示了垂直探测和倾斜探测时激光脉冲的几何配置。通常认为,LiDAR 发射器与接收器处于同一位置 $P_L(x,y,H)$ 且具有相同的中心朝向 $\mathit{\Omega}_L(\theta_L,\varphi_L)$,其中 θ_L 和 φ_L 分别为观测天顶角和观测方位角。激光发射器可看作向固定立体角内发射能量的点光源,

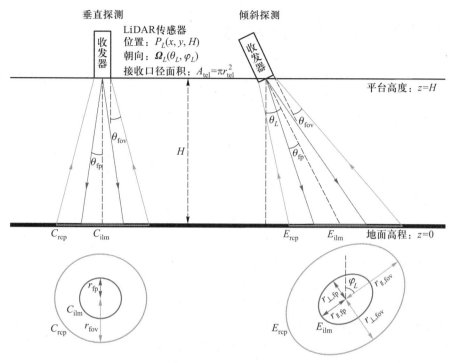

图 2.5　星载 LiDAR 系统探测模式几何示意图

其光束发散半角为 θ_{fp}。激光接收器圆形口径半径为 r_{tel},接收视场(field of view,FOV)半角为 θ_{fov}。

垂直探测模式下,激光脉冲朝向的天顶角和方位角均为 0°,在高程为 0 的平地上形成圆形的照明区域(图 2.5 中,C_{ilm} 称为"光斑"或"足印"),接收器的接收区域也呈圆形(图 2.5 中 C_{rcp})。照明区域和接收区域的半径 r_{fp}、r_{fov} 分别为

$$r_{fp} = H \cdot \tan\theta_{fp}$$
$$r_{fov} = H \cdot \tan\theta_{fov} + r_{tel} \tag{2.24}$$

倾斜探测模式下,激光脉冲朝向的天顶角为 θ_L,方位角为 φ_L。LiDAR 系统在平地上的照明区域(图 2.5 中 E_{ilm})和接收区域(图 2.5 中 E_{rcp})均呈椭圆形,椭圆长轴方向与观测方位角一致。这种情况下,照明区域和接收区域的长轴(平行于观测方位角)、短轴(垂直于观测方位角)计算方法可用式(2.25)表示为

$$r_{\parallel,fp} = \frac{H \cdot \tan\theta_{fp}}{\cos^2\theta_L}, \quad r_{\perp,fp} = \frac{H \cdot \tan\theta_{fp}}{\cos\theta_L}$$

$$r_{\parallel,fov} = \frac{\dfrac{H \cdot \tan\theta_{fov}}{\cos\theta_L} + r_{tel}}{\cos\theta_L}, \quad r_{\perp,fov} = \frac{H \cdot \tan\theta_{fov}}{\cos\theta_L} + r_{tel} \tag{2.25}$$

2.3.2   机载激光雷达系统工作原理

将 LiDAR 系统搭载于无人机、直升机等飞行平台,称为机载 LiDAR 系统,也称为机载激光扫描系统(airborne laser scanning, ALS)、机载激光测高系统(airborne laser altimetry, ALA)、机载激光地形测绘(airborne laser topographic/terrain mapping, ALTM)、机载激光测量系统(airborne laser mapping, ALM)等。虽然名称稍有不同,但工作原理大同小异,即激光雷达系统产生激光脉冲、接收激光回波信号,扫描装置控制激光束的发射方向等。机载 LiDAR 系统的特点如下:

(1)精度高。因脉冲式测距系统具有远距离测量等优点,目前市场上绝大多数机载激光雷达系统使用脉冲式测距系统。不过脉冲系统要达到较高的测距精度需要非常高的技术手段和复杂的处理方法。此外,要取得较好的测距效果,工作环境也非常重要。干、冷、透明的大气条件下效果最好,阳光强烈的白天相对较差。

(2)功率大。机载 LiDAR 系统在空中对地面进行扫描,需要有较大的工作功率,使得发射的激光能量在经过长距离的大气损耗和目标吸收等能量损失后,回到探测器时还能有足够的能量使得探测器对其进行记录。

(3)体积小。飞机载重和容积有限,需要在有限的空间中装载激光雷达设备,搭乘操作人员,因此有必要使用体积小、质量轻的激光雷达系统。

(4)波长合适。选择的激光波长应满足以下条件:最好选在大气窗口,被大气吸收较少;选择目标反射率较大的波段,能够返回较强的激光信号;探测器灵敏度较高的波段,其他波段光进入相对少;对人眼安全。目前,大多数机载 LiDAR 系统采用 1064 nm、1550 nm 或 532 nm,也有采用其他波长(如 950 nm),但相对较少。

机载激光雷达系统主要采用以下四种扫描方式(Wehr and Lohr, 1999):

1)摆镜扫描

摆镜扫描通过电机带动反射镜反复摆动一定的角度,实现激光束在地面的扫描。每一个摆镜周期,激光在地面形成一个周期性的移动轨迹,通常为"Z"形或正弦型(图 2.6)。摆镜扫描的优点是扫描方式简单,扫描效率高,扫描角度大。但是这种扫描方式存在一个显著缺点,即摆动周期内机械装置不断经历加速、减速过程,导致激光点密度不均匀,存在两端密、中间疏的现象。此外,摆镜扫描抗震性能较差,对电机性能要求较高。

2)旋转棱镜扫描

旋转棱镜扫描方式通过电机带动多面棱镜旋转,导致反射光束的方向在一定范围内往复变化,从而实现激光束在地面的扫描,在地面上形成的扫描线通常为平行线(图 2.7)。该扫描方式优点是棱镜旋转的角速度不变,获得的点密度均匀;缺点是扫描效率低。

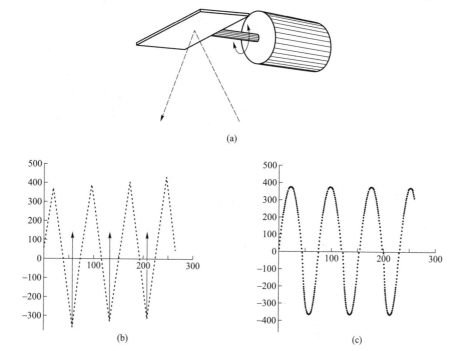

图 2.6　机载 LiDAR 摆镜扫描方式:(a)扫描原理;(b)"Z"形地面扫描线;(c)正弦型地面扫描线

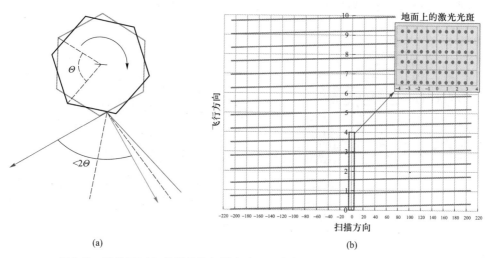

图 2.7　机载 LiDAR 旋转棱镜扫描方式:(a)扫描原理;(b)地面平行扫描线

3) 椭圆扫描

椭圆扫描方式利用反射镜旋转在地面形成椭圆扫描线。随着传感器的前进,地面上呈现一系列重叠的椭圆(图 2.8)。该扫描方式的优点是扫描方式简单,抗震性能好,且所

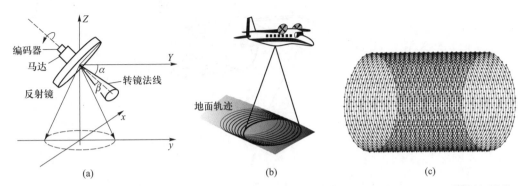

图 2.8   机载 LiDAR 椭圆扫描方式:(a)扫描原理示意图;(b)地面轨迹示意图;(c)地面椭圆扫描线

有激光点的倾角、传输距离相差不大,测距精度高。但是椭圆形轨迹的采样点分布不均,给数据处理带来困难,且光斑在地面的重复率较高,降低了扫描效率。

4) 光纤扫描

光纤扫描的工作原理为:激光器发出的激光经过光纤传输,依次进入光纤组中;光纤组的终端排成一列,不同位置的光纤对应不同视场;激光依次从光纤组中出射,形成对目标的扫描(图 2.9)。其优点是扫描速度快,扫描点分布均匀,可极大地降低数据处理难度。缺点是扫描角固定,数据获取范围一般较小,同时要求飞机平台低速飞行。

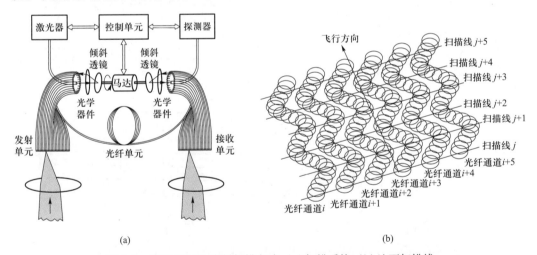

图 2.9   机载 LiDAR 光纤扫描方式:(a)扫描系统;(b)地面扫描线

2.3.3   地基激光雷达系统工作原理

地基 LiDAR 系统包括固定式扫描系统和车载、背包式等移动式扫描系统,本节介绍基站固定式扫描系统的工作原理。

将三维激光扫描仪固定在三脚架或其他基站上,位置为 P_L,通过激光器发射脉冲,经物体表面漫反射后返回到接收器,得到目标点与扫描仪的距离,同时利用控制编码器记录每个脉冲的横向扫描角 φ 和纵向扫描角 θ。

通过设定横向和纵向扫描角度范围 $\Delta\varphi$ 和 $\Delta\theta$,即可对不同方位的场景进行扫描,再对横向和纵向扫描角分辨率 $\delta\varphi$ 和 $\delta\theta$ 进行设定,即可控制发射脉冲密度。地基 LiDAR 系统发射的脉冲总数 N_{tls} 可根据扫描角度范围与分辨率计算得到:

$$N_{tls} = \frac{\Delta\theta}{\delta\theta} \cdot \frac{\Delta\varphi}{\delta\varphi} \qquad (2.26)$$

地基 LiDAR 单站扫描获取的数据密度不均匀,具体表现为距离扫描仪近的地物,得到的数据点密度大;反之,则点密度小。同时,由于地物之间的遮挡,单站扫描模式无法获取场景内所有地物的三维信息,在实际应用中通常采用多站扫描及数据拼接的方式进行。关于地基激光扫描的更多内容,详见第 3.2 节。

2.4 不同探测模式激光雷达系统工作原理

全波形、离散点云、光子计数是目前 LiDAR 系统三种常用的探测与数字化记录模式(Mandlburger *et al.*, 2019)。图 2.10 显示了三种模式在探测复杂林冠时对发射信号和接收信号的记录原理。其中,全波形和离散点云记录方式将接收信号经过模数转换进行记录,光子计数则直接对光子进行记录。在这两种记录模式下,接收的信号都包含激光有效信号和噪声信号,后者主要来源于硬件系统和太阳光照。不同的是,在模数转换记录方式中,探测器将接收到的激光功率转化为输出电压,产生随时间变化的信号强度。这种方式发射高功率激光脉冲,接收的激光有效信号有数千个光子,极大超过探测器内部噪声和太阳噪声,信噪比高,有助于准确测定探测器到目标间的距离。相较之下,光子计数模式采用微脉冲激光

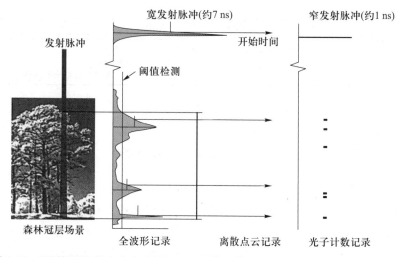

图 2.10 不同探测与数字化方式的 LiDAR 系统工作原理(据 Mandlburger *et al.*, 2019)

器,发射能量非常弱的激光信号,并使用单光子探测器来直接探测光子并记录其返回时间。由于其激光脉冲能量较弱,来自太阳光照的噪声较为明显,数据信噪比低。

下面分别介绍全波形、离散点云、光子计数 LiDAR 系统的工作原理。

2.4.1 全波形激光雷达系统工作原理

全波形 LiDAR 使用模数转换器(analog-to-digital converter,ADC)对探测器输出的能量时间序列进行数字化,形成能够表征目标完整垂直结构的波形(图 2.10 中灰色阴影信号)(Harding et al.,2001)。接收波形的宽度与发射波形宽度、目标在激光光斑内的垂直分布范围等因素有关。对于结构简单的目标,如裸露的地面或建筑物的屋顶,能观察到一个接收峰;对于结构复杂的目标,则能观察到多个返回峰,如激光脉冲射到建筑物边缘时会被建筑物顶部和相邻地面反射。对于植被这样有间隙的地物,激光脉冲会穿透植被冠层,照射到具有多层垂直分布的叶子、茎、枝和林下地面,形成形状复杂的回波信号,这也是 LiDAR 具备获取植被垂直结构能力的体现。

全波形 LiDAR 系统会将发射波形和接收波形以数字化的形式记录下来,通过判断接收信号第一个和最后一个超过检测阈值的波形位置来计算有效脉冲信号,分析发射脉冲中心与有效脉冲信号中心的相对位置即可获取测距信息。常用的脉冲中心位置计算方法有质心法、均值法、高斯函数拟合法等(唐新明等,2016)。

全波形 LiDAR 系统的发展如图 2.11 所示。最早针对陆地地形探测的波形采样实验是 NASA 研发的 AOL(Airborne Oceanographic LiDAR)系统(Krabill et al.,1984)。随后,通过耦合机载 LiDAR 扫描系统发展了更多不同类型的机载全波形 LiDAR 系统,比较典型的有 ATM(Airborne Topographic Mapper)(Krabill et al.,2002)、SLICER(Scanning LiDAR Imager of Canopies by Echo Recovery)(Harding et al.,2000)、LVIS(Laser Vegetation Imaging Sensor)(Blair et al.,1999)和 EAARL(Experimental Advanced Airborne Research LiDAR)(Nayegandhi et al.,2005)。

	1980	1990	2000	2010	2020
地球观测	AOL 系统	SLICER系统 LVIS系统	GLAS系统 EAARL 系统	GEDI系统 中国高分七号 中国陆地生态系统碳监测卫星	
行星观测		MOLA系统	MLA 系统 LOLA系统		

搭载平台:机载/星载   激光波段:绿光/近红外

图 2.11 全波形 LiDAR 系统的发展

SLICER 和 LVIS 系统的主要目的是测量树冠结构,其光斑直径较大(> 10 m),从单个光斑中获得的波形采样能够反映植被冠层的垂直结构。相比之下,ATM、EAARL 系统的主要目的是高分辨率地形制图,光斑直径较小(< 1 m),在森林地区这类系统的光斑面积无法覆盖完整的树冠,获取的波形信号也无法表征大尺度的植被垂直结构。

　　EAARL 系统采用 532 nm 绿波段激光,将接收信号传输到不同能量比的通道来获取海水测深和地形数据,目的是适应不同散射体表面(陆地、植被和水体底部)所反射信号强度的巨大变化。如果不根据信号强度进行能量比例缩放,会导致记录的波形信号存在饱和或失真现象。

　　除机载平台外,全波形 LiDAR 也应用于星载平台,实现全球地表结构测量,但目前的卫星激光高度计均采用垂直测高模式,尚未实现扫描模式。ICESat/GLAS 是全球第一个对地观测星载全波形激光测高仪,2003 年由 NASA 发射升空,2009 年停止工作。2018 年,NASA 将星载全波形激光测高系统 GEDI 搭载于国际空间站,用于全球森林监测。我国于 2019 年发射的高分七号及预计于 2022 年发射的陆地生态系统碳监测卫星都搭载全波形激光测高仪,分别用于地形立体测绘和森林生物量监测,有关内容详见第 3.3 节。

　　除了用于地球表面探测外,全波形 LiDAR 系统还可应用于其他行星地图测绘,如火星表面探测 MOLA(Mars Orbiter Laser Altimeter)系统(Smith *et al.*, 1999)、水星表面探测 MLA(Mercury Laser Altimeter)系统(Cavanaugh *et al.*, 2007)、月球表面探测 LOLA(Lunar Orbiter Laser Altimeter)系统(Smith *et al.*, 2010)等。

2.4.2　离散点云激光雷达系统工作原理

　　与全波形 LiDAR 系统相比,离散点云 LiDAR 系统仅记录探测器输出时间序列中的部分位置。最简单的离散点云记录方法为阈值检测法,即对输出时间序列中超过阈值的位置进行记录,通常仅记录被激光照射到的一个或有限的几个地物的信息,极大地减少了记录的数据量。

　　离散点云系统的一个关键属性是每个激光脉冲可以记录的最大回波数。最早的离散点云 LiDAR 系统每个脉冲只能记录 1 个回波,随后逐渐发展了能够识别 2 个、3 个、最多 5 个回波的系统。在图 2.10 中,离散点云探测器从记录的时间序列中识别并记录 3 个离散点。除了记录离散点的位置信息(X, Y, Z),还可以对每个离散点的强度信息(I)进行记录,大多采用峰值检测法或高斯分解法从回波序列中识别离散点。峰值检测法记录回波序列中的峰值位置作为点位置,峰值幅值为点强度。高斯分解法对记录的回波序列进行高斯分解,组分的中心位置记录为点位置,振幅记录为点强度。根据脉冲发射与返回时间差来计算各点与传感器间的距离,结合 GPS、IMU 数据解算得到各点的三维坐标,这些带有地理坐标的海量离散点,通常称为"点云"。

　　离散点云 LiDAR 系统通常采用小光斑、高重频的激光发射脉冲。图 2.12 显示了一个小光斑 LiDAR 系统获取的林区离散点云数据,每个激光脉冲最多记录 4 个回波位置。各个离散点记录的位置、强度和其对应的第几回波取决于地表空间结构和光学特性。根据激光雷达方程,地物返回的能量与拦截激光面积和反射率等特性有关[式(2.20)],当地物特性使其足以返回超过检测阈值的能量时,系统将其记录为离散回波点。其中,第一回波点对应于第一次高于阈值水平的回波信号位置,可能来自植被冠层顶部,也可能来自植被冠层内部或地面,最后一次回波点对应于最后一次检测到的回波信号位置,可能来自植被冠层内部或地面。通常在植被覆盖区域也可以检测到地面回波,这是因为激光脉冲可以穿透植被冠层

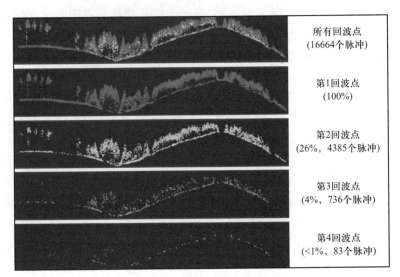

所有回波点
(16664个脉冲)

第1回波点
(100%)

第2回波点
(26%，4385个脉冲)

第3回波点
(4%，736个脉冲)

第4回波点
(<1%，83个脉冲)

图 2.12　离散 LiDAR 系统多次回波示意图(参见书末彩插)

的间隙到达地面。检测到地面回波的频率,取决于树冠间隙率、激光扫描角度、光束发散角、光斑直径、脉冲重复频率以及地面反射率等因素。

2.4.3　光子计数激光雷达系统工作原理

与前两种探测模式不同,光子计数 LiDAR 系统记录单个光子的到达时间(参见图 2.10),也是对探测目标垂直分布的采样,通过多个脉冲光子计数数据的累积,即可重建目标的空间结构(Howland *et al.*, 2011)。

为获取高质量、高信噪比的激光信号,全波形/离散点云 LiDAR 系统使用高强度激光脉冲。相反,光子计数系统采用非常低的微脉冲能量,每个脉冲仅有少量的光子返回,而且其发射的脉冲宽度极窄(< 1 ns),加上低抖动的探测器和高分辨率定时电子设备,使其具有分米级的测距精度。同时,光子计数 LiDAR 系统通常采用具有暗计数的单光子计数探测器,与接收光子信号的频率相比,探测器的暗计数噪声频率非常低。除了具有较好的探测灵敏度和较低的暗计数噪声频率外,单光子探测器还可以实现单脉冲多光子的探测,即每个脉冲可以探测并记录多个光子。这主要取决于设备的一个重要参数——死区期间,即检测到一个光子与以相同灵敏度检测下一个光子所需要的恢复时间。单光子探测器的死区期间通常较短,因此可以区分从紧密间隔的表面所反射的连续光子,如在植被冠层探测时返回的光子。单光子探测器的这一特点不仅实现了单脉冲多光子探测,提高了光子数据密度,还将光子计数 LiDAR 系统获取的数据记录为离散点的形式。

光子计数 LiDAR 系统在白天工作时,从地球表面或云层反射的太阳光照是其主要噪声源。通常太阳噪声频率与地表反射率、太阳光强、大气环境、激光器配置等因素有关,光子计数 LiDAR 系统采用一个带宽非常窄的滤波片,阻止除激光波长以外的能量进入探测器。此外,该系统还采用相对较小的接收视场,将接收信号限制在激光照射的区域。

综上,光子计数 LiDAR 系统具有功率低、接收孔径小、脉冲重复频率高等特点,与模数探测系统相比,其在进行大范围地表精细三维测量方面更具潜力。同时,光子计数数据呈离散点分布且每个离散点具有特定三维空间位置,与离散点云数据在处理方法上具有一定的通用性,现有点云数据处理、分析、可视化的算法及软件平台同样适用于光子计数 LiDAR 数据。

2.5 天空环境对激光信号的影响机制

LiDAR 系统在测量过程中不可避免地会受到周围环境的影响,尤其是星载和机载 LiDAR 系统。图 2.13 显示了太阳光(红色箭头)和激光(绿色箭头)在大气、地表、传感器间的能量传输过程。可以看出,激光脉冲在传输过程中除了与地表进行相互作用外,还会受到大气影响。此外,传感器还会接收来自太阳的信号,包括太阳光经大气、地表散射后到达激光器的信号等。本节将分别介绍大气和太阳光对激光信号的影响机制。

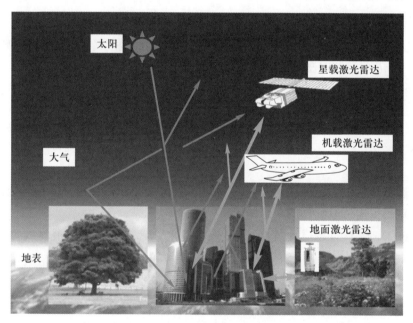

图 2.13 太阳光和激光在大气、地表、LiDAR 传感器间的能量传输过程(参见书末彩插)

2.5.1 激光信号的大气衰减

LiDAR 系统采用的激光波长短,大气对其信号的吸收和散射较强,因此 LiDAR 系统的性能对大气甚为敏感(强希文等,2000),尤其是大气中雨、尘埃、雾、霾等物质对激光的干扰作用极为明显,主要表现有:①能量衰减:大气气体分子和气溶胶粒子、尘埃、雾、雨等对激光信号的吸收和散射导致激光能量衰减;②激光折射:大气密度分布不均导致激光沿光路发生折射。此外,大气湍流效应会导致光束横截面上能量分布起伏以及光束的扩展和漂移,光束传输路径上的大气吸收会引起空气密度梯度和折射率的改变(即大气热晕效应),导致光束的非线性热畸变效应等。下面详细介绍激光传输过程中的大气衰减和大气折射效应。

1) 大气衰减效应

激光具有极好的单色性,在假定大气均匀或分层均匀的情况下,穿过大气层的激光能量可以用比尔-朗伯(Beer-Lambert)定律描述:

$$I(\lambda, z) = I(\lambda, 0) e^{-\sigma(\lambda) \cdot z} \tag{2.27}$$

其中,$I(\lambda, 0)$,$I(\lambda, z)$ 分别是波长为 λ 的激光初始能量和经过厚度为 z 的大气处激光能量;$\sigma(\lambda)$ 是与波长相关的大气衰减系数。大气衰减效应包括大气吸收和散射两个过程,因此,$\sigma(\lambda)$ 可表示为

$$\sigma(\lambda) = \sigma_m + K_m + \sigma_a + K_a \tag{2.28}$$

其中,σ_m 为分子散射系数,K_m 为分子吸收系数,σ_a 为气溶胶散射系数,K_a 为气溶胶吸收系数。

大气分子及气溶胶对激光的吸收系数可用普通单色光的传输理论来计算。当激光脉冲在 20 km 高度以下的低层大气中传输时,其吸收谱线宽度主要由分子碰撞引起的压力加宽决定,低层大气吸收系数(K_{mL})可表示为

$$K_{mL} = \frac{S}{\pi} \cdot \frac{\gamma_L}{(v - v_0)^2 + \gamma_L^2} \tag{2.29}$$

其中,v 为激光波数,v_0 为激光谱线中心波数,S 为谱线的积分强度,γ_L 为洛伦兹线半宽度。S 和 γ_L 均受大气温度和压强影响。

在约 60 km 以上的高层大气中,大气吸收系数(K_{mD})由多普勒展宽线型公式计算得到:

$$K_{mD} = \frac{S}{\gamma_D} \cdot \left(\frac{\ln 2}{\pi} \right)^{\frac{1}{2}} \cdot e^{-\ln 2 \frac{(v - v_0)^2}{\gamma_D^2}} \tag{2.30}$$

其中,γ_D 为多普勒谱线半宽度。在 20~60 km 高度的中层大气中,碰撞展宽和多普勒展宽同时作用,大气吸收系数(K_{mV})由 Voigt 线型给出:

$$K_{mV} = \frac{S \cdot \gamma_L^{\ 2}}{\gamma_D \cdot \sqrt{\pi}} \cdot \int_{-\infty}^{\infty} e^{-t^2} \cdot \left[\left(\frac{\gamma_L}{\gamma_D} \right)^2 + \left(\frac{v_0 - v}{\gamma_D} - t \right)^2 \right] dt \tag{2.31}$$

大气散射包括大气分子对激光的瑞利散射和小雨、雾滴、霾、气溶胶等球形粒子或类球形粒子对激光的米氏散射。

当激光的波长远大于散射粒子尺寸时会发生瑞利散射,大气分子体散射系数 σ_m 为

$$\sigma_{\mathrm{m}} = \frac{8\pi^2}{3} \cdot \frac{(n^2-1)^2}{N_{\mathrm{s}}^2 \lambda^4} \cdot \frac{6+3\delta_{\mathrm{p}}}{6-7\delta_{\mathrm{p}}} \qquad (2.32)$$

其中,n 为粒子折射率,N_{s} 为粒子数密度,δ_{p} 为退偏振因子。根据经验,σ_{m} 可表示为

$$\sigma_{\mathrm{m}} = 2.677 \times 10^{-17} P v^4 / T \qquad (2.33)$$

其中,P 为压强,T 为温度。

当大气微粒直径大到可与激光波长比拟时,大气散射服从米氏散射规律。一般来说,米氏散射是气溶胶散射,总衰减系数(σ_{T})可近似表示为

$$\sigma_{\mathrm{T}} = \sigma_{\mathrm{a}} \cdot \sigma_{\mathrm{m}} = \frac{3.912}{V_{\mathrm{m}}} \cdot \left(\frac{0.55}{\lambda}\right)^b \qquad (2.34)$$

其中,V_{m} 表示能见度(单位为 km),即人眼可以辨别目标的最大距离,b 是与能见度有关的系数。在一般视见条件下(V_{m} 为 6~20 km),$b = 1.3$;当能见度特别好时($V_{\mathrm{m}} > 20$ km),$b = 1.6$;当能见度较差($V_{\mathrm{m}} < 6$ km)时,$b = 0.585 \cdot V_{\mathrm{m}}^{1/3}$。

总体来说,大气分子和气溶胶的散射系数服从高度的负指数分布规律,即随着高度的增加,散射系数快速减小,尤其在高度为 5 km 以上时,气溶胶散射系数同地面相比相差一个量级以上。实际情况表明,在近地面和低空中主要发生气溶胶散射,在高空中分子散射与气溶胶散射贡献相当。

2)大气折射效应

当光线穿过大气时,因大气密度不均或存在大气折射率梯度,导致光程增加以及光线传输路径弯曲的现象,称为大气折射效应,其结果是造成待测目标方位和距离的测量误差。

大气密度随着高度的变化而变化,不同高度上的大气对光的折射率也不尽相同。折射率 n 与激光波长 λ,以及大气的温度 T、湿度 e、压强 P 等有关,一般可用式(2.35)表示:

$$n = 1 + N(\lambda, T, P, e) \qquad (2.35)$$

其中,N 是单位为 10^{-6} 级的折射率模数。在标准大气($P = 1$ atm①,$T = 288.15$ K,$e = 0$)下,可见光至近红外波段大气的折射率可表示为

$$N_0(\lambda) = 272.5794 + 1.5932\lambda_0^{-2} + 0.015\lambda_0^{-4} \qquad (2.36)$$

其中,$N_0(\lambda)$ 为 λ 波长下标准大气折射率。

任意大气情况下的大气折射率 $N(\lambda)$ 可通过标准大气折射率计算:

$$N(\lambda) = N_0(\lambda) \times \left(2.8434 \times 10^{-3} \times \frac{P}{T} - 0.1127 \times \frac{e}{T}\right) \qquad (2.37)$$

---

① 1 atm = 1.01325×10^5 Pa

以上对激光雷达大气传输的衰减效应进行了简单分析,在实际应用中还应考虑其他复杂效应(如大气湍流、热晕效应等)。激光在大气中的传播特性直接影响激光雷达系统的性能,因此应充分了解激光的大气传播特性,寻找避免或克服大气效应的方法,并根据激光在大气中的传播规律选择激光工作波长和工作方式,保证激光光束具有较高的透过率。

2.5.2 太阳光对激光信号的影响

太阳光的存在使得激光辐射传输过程可看作是"2 个光源+1 个传感器"的遥感配置(图 2.14),其中激光光源可以看作向固定立体角区域发射激光的点光源,其发射的激光仅持续较短的时间。而太阳光源是从无限远的地方向地表发射太阳能量,在不考虑大气散射下,到达地表的太阳光可看作具有相同方向的平行光束,且太阳光持续存在。当太阳光照射到 LiDAR 接收视场范围内时可能会被 LiDAR 接收器接收。通常太阳光对不同平台不同类型 LiDAR 系统的影响有所不同,以下将分情况介绍。

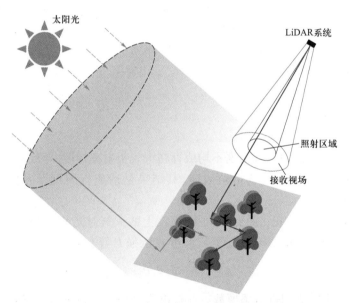

图 2.14　双光源(激光+太阳光)辐射传输遥感原理

大光斑激光雷达(光斑直径>10 m,通常搭载在星载、机载平台上)具有较大的激光照射区域和较大的接收视场,能够被 LiDAR 系统接收的太阳能量也较强。小光斑激光雷达(光斑直径<10 m,通常搭载在机载、地面平台上)照射区域和接收视场都较小,只有很少的太阳光能够进入接收系统,因此太阳光对小光斑 LiDAR 信号的影响较小。

太阳光对全波形 LiDAR 系统的影响表现为较为恒定的太阳噪声,因为太阳光的持续性使得其辐射传输过程处于动态平衡状态,因此进入 LiDAR 接收器的太阳噪声也保持在相对恒定状态。对于此噪声,可以通过设定背景噪声阈值来快速去除。

对于离散点云 LiDAR 系统,由于光斑直径较小,太阳光对激光信号的影响相对较弱。

同时,离散 LiDAR 系统采用阈值探测法、峰值探测法、高斯分解法从回波序列中记录离散点云,而恒定且非常小的太阳噪声并不会影响这些方法记录到的点云位置。

对于光子计数 LiDAR 系统,探测器将处于滤波器波段范围内的太阳光子与激光光子同等对待,也就是说,记录到的光子信号是太阳光子、信号光子、暗噪声光子的混合。由于光子计数 LiDAR 系统发射的脉冲能量极低,太阳噪声对最终获取的数据影响十分明显。此外,由于太阳光照的持续性,太阳噪声存在于探测器记录的整个垂直范围内,极大地增加了光子点云的密度。因此,为了获取地物目标信息,必须通过后处理算法去除噪声光子。有关光子数据去噪的相关内容,详见第 4.3 节。

2.6   小   结

本章首先介绍了 LiDAR 系统的测距原理,包括脉冲式测距和相位式测距;然后以激光雷达方程为核心深入分析了其辐射原理,并对实际应用中的激光回波模型进行了介绍;进而对不同平台(星/机/地)、不同探测与数字化记录(全波形/离散点云/光子计数)的 LiDAR 系统工作原理进行了详细介绍;最后分析了大气、太阳等天空环境对 LiDAR 信号的影响机制。

习   题

(1)为什么大多数激光雷达都选用脉冲式测距?

(2)阐述脉冲式激光测距原理及其与相位式测距的差异。

(3)列出激光雷达方程并解释各个参数的含义。

(4)列举三种激光雷达三维辐射传输模型并分别介绍其核心思想。

(5)简述目前主要的机载激光扫描方式及优缺点。

(6)简要说明三种不同探测类型激光雷达系统(全波形、离散点云、光子计数)的区别。

(7)如何计算激光雷达光斑范围和视场范围?

第 3 章

激光雷达数据获取

激光雷达数据获取是数据处理与应用的前提和基础。本章详细介绍不同平台下(星/机/地)激光雷达数据的获取。第3.1节介绍机载激光雷达数据获取的各个阶段,包括航飞计划准备、航飞实施和数据预处理;第3.2节介绍地基激光雷达数据获取,包括扫描前工作准备、扫描实施和扫描数据整理;第3.3节介绍国内外多个星载激光雷达系统的搭载平台、系统参数、数据产品以及下载方式。

3.1　机载激光雷达数据获取

搭载在飞机平台的激光雷达扫描系统统称为机载激光雷达(LiDAR)系统或机载激光扫描系统,是一种集成了多种高新技术的主动式数据获取技术(赖旭东, 2010)。目前,主要飞行平台有轻小型无人机和可长距离数据获取的有人机。机载LiDAR数据获取流程通常包括计划准备、航飞实施和数据预处理(张小红, 2007)。计划准备阶段是执行飞行任务前的准备工作,主要包括项目分析、航飞方案设计和飞行准备三个步骤。航飞实施阶段是按计划执行航飞任务,包括设备安装和调试、基站架设及地面配合、飞行操作及数据采集等。数据预处理阶段是通过点云坐标解算、IMU安置角误差检校、航带平差、辐射校正、质量控制等处理,得到高精度机载激光点云数据。机载LiDAR系统数据获取的总体作业流程如图3.1所示。

3.1.1　计划准备阶段

机载LiDAR数据获取是一项复杂的工作,涉及空域申请、飞机租赁或购买、设备选型与装机等诸多具体问题,因此在计划准备阶段需要提前制定有效方案,主要包括三个步骤:项目分析、航飞方案设计和飞行准备。

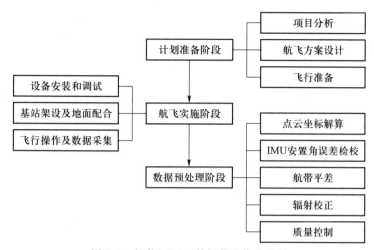

图 3.1 机载 LiDAR 数据获取作业流程

1) 项目分析

首先对测区的地形地貌特征、气候特征、空域特点等进行全面了解,如测区地理位置、经纬度范围、地形地貌、所属气候带、太阳辐射情况、气温、降水,以及测区所属战区、主要地物类型及周边机场的分布情况等。

除了考虑测区状况,还应进行项目任务分析,包括任务内容、目标、范围、工作量及期限,任务的重点、难点,任务各阶段的进度安排等。需要综合考虑测区和任务情况,合理制定项目进度安排。表 3.1 为机载 LiDAR 数据获取项目的进度安排示例。

表 3.1 机载 LiDAR 数据获取项目设计及进度安排

工序	内容	时间计划
准备阶段	资料收集、测区踏勘	×年×月×日—×年×月×日
空域申请	准备申请材料、申请空域	×年×月×日—×年×月×日
第一批数据航测及提交	空域协调、获取数据、数据预处理、数据检查	×年×月×日—×年×月×日
其余数据航测	空域协调、获取数据、数据预处理、数据检查	×年×月×日—×年×月×日
所有成果质量检查	成果检验	×年×月×日—×年×月×日
所有成果提交	成果提交	×年×月×日—×年×月×日

2) 航飞方案设计

航飞方案设计应本着安全、经济、周密、高效的原则,按照项目要求和测区实际情况,结合机载 LiDAR 设备特点选择合适的航测参数,进而开展飞行作业。方案设计包括地面基站布设、测区航线设计、检校场布设与测量、补飞或重飞,具体技术路线如图 3.2 所示。

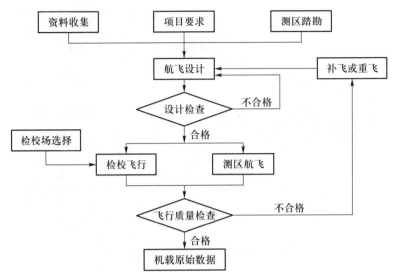

图 3.2　机载 LiDAR 航飞设计技术路线

（1）地面基站布设。地面基站布设主要考虑基站的架设位置和覆盖范围，一般架设于任务方提供的已知点上，要求位于空旷无遮挡处且远离水域和高压线，还应考虑基站的覆盖范围。近年来，一些位置服务供应商提供了不需要架设基站的云端轨迹解算服务，例如，千寻云迹（FindTrace）服务，用户提供卫星信号接收设备的 GNSS 原始观测数据，即可生成与之匹配的虚拟基站数据，用于轨迹解算。此项服务在无人机 LiDAR 飞行中使用较多，可以不用自架基站。

（2）测区航线设计。测区航线设计可参考机载 LiDAR 数据获取技术标准与规范，包括《机载激光雷达数据获取技术规范》（CH/T 8024—2011）、《机载激光雷达数据处理技术规范》（CH/T 8023—2011）、《IMU/GPS 辅助航空摄影技术规范》（GB/T 27919—2011）、《全球定位系统（GPS）测量规范》（GB/T 18314—2009）、《1∶500、1∶1 000、1∶2 000 地形图航空摄影测量数字化测图规范》（GB/T 15967—2008），以及经甲方审核批准的项目专业技术设计书和其他相关技术要求。根据相关规范要求，激光雷达航线旁向重叠度应达到 20%，最少为 13%；针对不同比例尺成果，相应的点云密度要求如表 3.2 所示。

表 3.2　机载激光雷达点密度指标

分幅比例尺	数字高程模型成果格网间距/m	点云密度/（个/m²）*
1∶500	0.5	≥16
1∶1 000	1.0	≥4
1∶2 000	2.0	≥1
1∶5 000	2.5	≥1
1∶10 000	5.0	≥0.25

* 表示按不大于 1/2 数字高程模型成果格网间距计算的点云密度。

　　测区航线设计包括建立航线设计工程、加载 DEM 数据、导入测区范围、输入技术参数、进行航线设计等,重复上述步骤即可完成所有航线设计(图 3.3)(王蒙等, 2010)。合格的测区航线设计应提交飞行记录表、飞行示意图文件、KML 文件等成果。图 3.4 为测区航线设计示例。

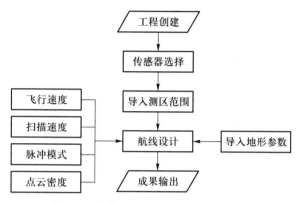

图 3.3　机载 LiDAR 测区航线设计流程

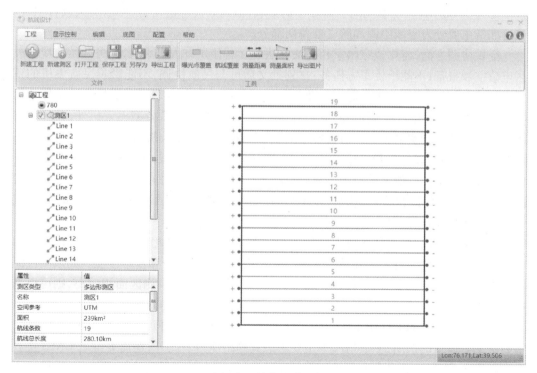

图 3.4　航线设计示例

（3）检校场布设与测量。机载 LiDAR 系统定姿定位装置和激光扫描仪有相对位置偏移和角度偏差，其中 GNSS 记录存在相对位置偏移误差，一般通过地面静态检校，即通过地面测量和全站仪测量结果对比得出。IMU 记录的角度值和激光点的角度值有一定的系统误差，一般布设检校场通过飞行动态检校来消除该误差。

根据激光扫描仪检校的要求制定检校场布设方案，用控制场校准 LiDAR 系统的相对和绝对高程，用校准建筑物校准侧滚和俯仰姿态。检校场应当尽量远离水面（如湖、江）等低反射率的地区，基本要求包括：包含平坦、裸露地形，有用于检校的建筑物或明显凸出地物；场内目标应具有较高的反射率，存在明显地物点（如道路拐角点等）。

出现下列问题时需要进行补飞和重飞：POS 系统局部数据记录缺失；根据各设备评价指标检查不满足要求；原始数据质量存在局部缺陷而影响点云的精度和密度。

对于有人机，补飞或重飞航线的两端一般应超出补飞范围外半幅图，超出部分不小于 500 m，且不大于 2000 m，并应满足与原航线的旁向与航向重叠要求。

3）飞行准备

机载 LiDAR 数据获取涉及飞机平台，若使用有人机平台则需要申请空域与租赁飞机。无人机 LiDAR 系统航飞同样需要申请空域，但无人机价格便宜，可以购买或者租赁。飞行准备主要分为空域协调和航飞准备两部分。

空域协调方面，需要遵守国家相关法律法规。若使用有人机平台，任务开始前应向战区申请空域报备，不能干扰军方任务；拿到批文后可与民航协调，不能影响民航飞机的正常飞行，同时需要服从空中交通规则及飞行管制。无人机合法飞行需要具备的条件包括实名登记、飞行执照、飞行高度和其他飞行要求。实名登记指除微型无人机外，其他所有无人机都需要进行实名登记；飞行执照指操作 7 kg 以上的无人机需要考取驾照；飞行高度指在飞行管制部门、重要目标、政府机关、广场、汽车站等区域，不同机型无人机有相应的飞行高度要求。其他要求指无人机（除微型无人机外）不能在夜间行驶，不得搭载违禁品、危险品等一些未经批准的物品，也不得向地面投掷物品、喷洒液体，禁止在移动车辆或者飞机上操控飞行等。

航飞准备方面，根据任务技术指标要求和测区地形情况，确定合适的 LiDAR 设备和飞行平台。表 3.3 和表 3.4 分别为常用的有人机和无人机型号和基本性能。如果测区面积较大，宜选择有人机飞行平台，常用的包括运 5、运 12 等；如果测区面积较小，则可以选择无人机飞行平台，通常又可分为固定翼无人机和多旋翼无人机。

国内外商业化的 LiDAR 设备很多（详见第 1.2.2 节），每种设备的性能和指标不同，需要根据具体情况选用，多数情况下主要考虑其测距能力。此外，还需要准备 GNSS 接收机和越野车等设备，安排专业人员制定航飞任务、技术人员指导航飞设备操作；质检人员在任务前检查设备故障及错漏情况，在任务完成后检查设备及数据质量等，还需要安排作业人员全程跟机执行航飞任务。

表 3.3　常用有人机型号和基本性能

性能	飞机型号			
	运 5	运 12	奖状	安 30
最高升限/m	4000	8000	13105	7000
最大速度/(km/h)	250	320	746	540
巡航速度/(km/h)	180	250	713	430
最大航程/km	1376	1440	3167	2630
续航时间/h	6	6	4	6
最大爬升率/(m/s)	3	12	15.1	7.7
作业高度区间/m	500~4000	1000~6000	1500~12000	1500~6000

表 3.4　常用无人机型号和基本性能

性能	飞机型号			
	大疆经纬 M300	飞马 D20	大鹏 CW-100	零度智控 ZT-30V
最高升限/m	7000	6000	4500	3500
巡航速度/(km/h)	83	65	100	110
最大航程/km	76	86	800	660
续航时间/h	0.9	1.3	8	6
最大爬升率/(m/s)	7	5	17	15

3.1.2　航飞实施阶段

航飞实施是按计划执行航飞观测任务并获取机载 LiDAR 数据,主要分为设备安装和调试、基站架设及地面配合、飞行操作及数据采集三个步骤。

1) 设备安装和调试

航飞实施涉及多种设备的使用,因此管理好设备并保持其性能稳定,对航飞顺利实施至关重要。设备管理包含设备存储环境要求(存储空间大小、防尘防灰防潮、防热与排热、防腐蚀)、设备日常维护(设备参数的日常测试)、设备运输条件及注意事项(如使用运输车运输是否对设备性能及参数有影响)、设备使用安全(高空作业是否会发生故障等意外情况)等。对于有人机航飞,通常由于设备管理需求、任务机变动等原因,需要将设备从仓库运送到任务机上,进行安装和调试。安装和调试包括设备清点、过渡板准备、设备安装、GNSS 偏心分量测量(设备安装完毕后 GNSS 几何中心到激光扫描仪几何中心的距离)、设备地面通电测试和设备状态评估等。

2) 基站架设及地面配合

地面基站观测时间要覆盖飞行时间,一般采用 GNSS 静态观测。电池电量及 GNSS 存储空间至少维持一个满架次的飞行时间,也可同步架设多个基站、多台仪器同时观测。前文提到的千寻云迹服务不需要架设基站,通过生成虚拟基站数据(与用户提供的 GNSS 原始观测数据和惯导数据匹配)输出高精度轨迹数据。

3) 飞行操作及数据采集

有人机在开始正式获取数据前应该执行“8”字飞行来激活惯导,避免惯导装置的误差积累。每次进入测区前飞机应先平飞 3~5 分钟,再进行“8”字飞行;当次飞行结束后,飞机应先做“8”字飞行,然后再平飞 3~5 分钟。无人机可以执行“M”字飞行来激活惯导。

飞行作业还应满足地面静态观测的要求,即飞行前飞机停放位置的四周应视野开阔,视场内障碍物高度角应小于 20°。飞行过程中转弯坡度一般不超过 15°,最大不超过 22°,以免 GNSS 卫星信号被遮挡;航线上的俯仰角、侧滚角一般不大于 2°,最大不超过 4°;航线弯曲度不大于 3%;同一航线内的飞机上升、下降速率要求不大于 10 m/s。

激光雷达数据采集前,先根据任务要求对设备进行参数设置,如激光脉冲频率、扫描方式等。对于有人机,一般有配套的专业飞行管理软件,起飞前导入航线设计文件;飞行过程中,软件会根据飞机位置设计航线,开启或关闭数据记录,同时给飞行员提供领航信息,保证飞机压线飞行。对于无人机,通常由飞控控制其飞行,最简单的方式是全程记录数据或者起飞到一定的相对高度开始记录数据。

3.1.3 数据预处理阶段

数据预处理是对航飞采集的数据进行解算和校准等,是后续点云操作的基础。首先,解算出检校场内点云的坐标,再进行 IMU 安置角误差检校以消除系统误差,进而解算测区的坐标,提高机载 LiDAR 对整个测区定位的精度。其次,为减少机载 LiDAR 系统误差和随机误差造成的航带间三维坐标偏移,需对获取的数据进行航带平差;为使不同条件下获取的数据能够完全反映地物辐射特征,还需对数据进行辐射校正。最后,从点云密度、点云高程精度等方面进行质量控制。机载 LiDAR 数据预处理流程如图 3.5 所示。

1) 点云坐标解算

机载 LiDAR 系统采用直接定位方式计算激光脚点的三维坐标:LiDAR 系统通过记录激光器发射和接收脉冲信号的时间间隔,采用航飞获取的机载原始数据和地面基站获取的数据,计算目标到 LiDAR 系统间的距离。

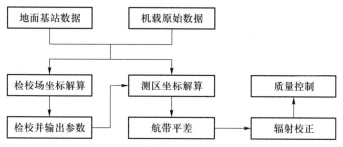

图 3.5　机载 LiDAR 数据预处理流程

　　全球导航卫星系统(GNSS)和惯性导航系统(INS)测量激光器发射脉冲时刻的位置和姿态,即确定了激光发射位置到目标之间的空间向量 $\boldsymbol{P}$,从而可以解算目标点的坐标。激光扫描仪通过不同的扫描方式,如摆镜扫描、旋转多面镜扫描等,进行垂直于航线方向的测量;随着飞行平台移动,获取航线方向的测量并最终得到覆盖整个测区的点云数据。点云坐标精度依赖于各个部件高精度测量值、部件之间精密的时间同步以及各种误差的校正。下面介绍坐标解算方程。

　　机载 LiDAR 系统利用扫描仪记录距离和扫描角,利用 POS 测量扫描仪位置和姿态,并通过一系列坐标变换,解算得到点云在地理空间参考系的几何坐标。公式(3.1)为激光点云在 WGS84 直角坐标系下三维坐标的计算公式:

$$\boldsymbol{X}=\boldsymbol{R}_{\mathrm{W}}\boldsymbol{R}_{\mathrm{G}}\boldsymbol{R}_{\mathrm{N}}\left[\boldsymbol{R}_{\mathrm{M}}\boldsymbol{R}_{\mathrm{L}}\begin{bmatrix}0\\0\\\rho\end{bmatrix}+\boldsymbol{P}\right]+\boldsymbol{X}_{\mathrm{GPS}} \tag{3.1}$$

其中,$\boldsymbol{X}$ 为激光脚点在 WGS84 坐标系下的坐标,ρ 为激光发射中心到目标之间的距离,$\boldsymbol{R}_{\mathrm{L}}$ 为瞬时激光坐标系到扫描仪坐标系的旋转矩阵,$\boldsymbol{R}_{\mathrm{M}}$ 为扫描仪坐标系到 IMU 参考坐标系的旋转矩阵。矢量 $\boldsymbol{P}$ 为 GNSS 偏心分量,由扫描仪激光发射中心到 IMU 参考中心的矢量和 IMU 参考中心到 GNSS 天线相位中心的矢量两部分(均在 IMU 参考坐标系下)组成。$\boldsymbol{R}_{\mathrm{N}}$ 为由 IMU 测量的三个姿态角即侧滚角、俯仰角和航向角所构成的矩阵,它将 IMU 参考坐标系变换到局部导航坐标系。$\boldsymbol{R}_{\mathrm{G}}$ 进行垂线偏差改正,将局部导航坐标系变换到局部椭球坐标系。$\boldsymbol{R}_{\mathrm{W}}$ 为局部椭球坐标到 WGS84 空间直角坐标系的变换矩阵。$\boldsymbol{X}_{\mathrm{GPS}}$ 为 GNSS 天线相位中心在空间直角坐标系的坐标矢量。

　　通过上述坐标变换可将机载 LiDAR 的观测值,包括距离、扫描角、传感器的位置和姿态,转化为激光点在 WGS84 空间直角坐标系下的三维坐标。

2) IMU 安置角误差检校

　　机载 LiDAR 系统由多个部件(GNSS、INS、激光测距仪、扫描镜等)组成,公式(3.1)解算出的点云坐标未充分消除系统误差。为了提高机载激光点云数据精度,在飞行作业前必须进行检校。在影响机载 LiDAR 几何定位精度的系统误差中,IMU 安置角误差是最大的系统误差源。

IMU 安置角误差如图 3.6 所示,它是由于 IMU 参考坐标系与激光扫描仪坐标系的坐标轴不平行,分别在侧滚、俯仰和航向三个方向坐标轴的夹角,其对地面激光脚点坐标的影响取决于飞行高度和扫描角大小。IMU 安置角误差检校是将带有几何偏差的激光点云数据,通过共点、共面等约束条件纠正到正确位置。目前,IMU 安置角误差检校主要包括手工解算和自动解算两种方法。

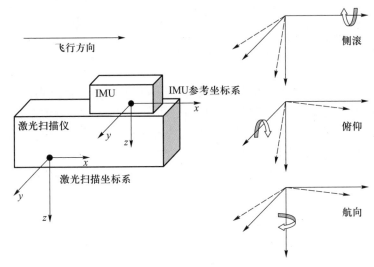

图 3.6 IMU 安置角误差示意图

商用 LiDAR 设备初期通常使用手工解算的方法,如通过特征地物(尖顶房、人工平台、平直马路等),选择不同航线(平行航线和对飞航线),逐步分离侧滚、俯仰和航向方向的 IMU 安置角误差,依据经验公式多次迭代来计算偏差值。IMU 安置角误差自动解算以激光点云坐标计算方程为数学模型,将 IMU 安置角误差作为未知数,通过平差求解系统参数,消除重叠区域的位置误差,可以理解为配准过程,即把带有误差的点云配准到参考位置或真实位置。因此,机载 LiDAR 系统 IMU 安置角误差检校的重点和难点在于:在相邻条带点云中建立合适的"连接"条件。

机载 LiDAR 点云数据很少存在真正意义的同名点,"点-点"关系难以建立,实际中应用较少。一些学者开展"面-面"连接关系的研究,即寻找同名平面的方法。该方法抗噪声干扰能力强,得出的结果最为可靠,其前提是不同航线获取的同一平面地物的点云应满足共面条件。将机载 LiDAR 坐标计算公式代入平面方程,建立条件误差方程来求解 IMU 安置角误差。Li 等(2016)基于机载 LiDAR 数据开展了连接平面自动提取及同名平面自动匹配的算法研究,实现了基于平面约束的 IMU 安置角误差检校,过程如图 3.7 所示。该方法依据机载 LiDAR 点云坐标计算方程,通过约束条件将含有误差偏移的点云坐标,用最小二乘法校正到正确位置,解算得到 IMU 安置角误差参数。假设侧滚、俯仰、航向三个方向的 IMU 安置角分别是 α、β、γ,对应方向的误差依次为 $\Delta\alpha$、$\Delta\beta$、$\Delta\gamma$,由其构成的旋转矩阵 $\Delta\boldsymbol{B}_{\mathrm{M}}$ 可以直接表示为

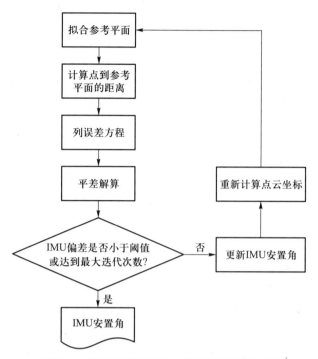

图 3.7　共面约束的 IMU 安置角误差检校流程

$$\Delta \boldsymbol{B}_{\mathrm{M}} = \begin{bmatrix} 1 & -\Delta\gamma & \Delta\beta \\ \Delta\gamma & 1 & -\Delta\alpha \\ -\Delta\beta & \Delta\alpha & 1 \end{bmatrix} \tag{3.2}$$

加入安置角误差矩阵后,机载 LiDAR 激光脚点坐标由式(3.1)变为式(3.3):

$$\boldsymbol{X} = \boldsymbol{R}_{\mathrm{W}}\boldsymbol{R}_{\mathrm{G}}\boldsymbol{R}_{\mathrm{N}}\left[\Delta\boldsymbol{R}_{\mathrm{M}}\boldsymbol{R}_{\mathrm{M}}\boldsymbol{R}_{\mathrm{L}}\begin{bmatrix} 0 \\ 0 \\ \rho \end{bmatrix} + \boldsymbol{P}\right] + \boldsymbol{X}_{\mathrm{GPS}} \tag{3.3}$$

激光脚点到同名平面的距离(d),可以用安置角参数表示为

$$d = d_0 + \frac{\partial d}{\partial \alpha}\Delta\alpha + \frac{\partial d}{\partial \beta}\Delta\beta + \frac{\partial d}{\partial \gamma}\Delta\gamma \tag{3.4}$$

由于安置角误差的影响,激光脚点到平面的距离残差为 $\boldsymbol{V}$,则误差方程为

$$\boldsymbol{V} = \boldsymbol{B}\boldsymbol{X} + \boldsymbol{L} \tag{3.5}$$

其中,$\boldsymbol{B}$ 为未知数系数矩阵,$\boldsymbol{L}$ 为激光点到平面的距离矩阵,$\boldsymbol{X}$ 为待求的 IMU 安置角误差 $[\Delta\alpha, \Delta\beta, \Delta\gamma]^{\mathrm{T}}$。当 $\boldsymbol{V}^{\mathrm{T}}\boldsymbol{P}\boldsymbol{V}$ 最小时,可以根据式(3.6)求得 IMU 安置角误差:

$$\boldsymbol{X} = -(\boldsymbol{B}^{\mathrm{T}}\boldsymbol{P}\boldsymbol{B})^{-1}\boldsymbol{B}^{\mathrm{T}}\boldsymbol{P}\boldsymbol{L} \tag{3.6}$$

按式(3.1)解算坐标后,再对检校场进行安置角误差检校并输出参数,代入式(3.3)即可实现整个测区的高精度坐标解算。

3) 航带平差

由于航高和扫描视场角的限制,每条航带只能覆盖地面一定的宽度,要完成较大范围的作业就必须飞行多条航线,而且这些航线必须保持一定的重叠度(>20%)。由于误差通常会导致 LiDAR 数据不同航带的同名特征间存在系统性偏移,严重影响点云数据的相对精度。航带平差的目的在于通过消除或减少不同航带重叠区域之间的差异从而生成无缝产品,为最终的地理空间产品提供质量保证。航带平差通常包含以下两方面:

(1) 点云数据自动配准。航带平差中点云自动配准的目的是确定航带间的系统性偏移,目前常用的方法有基于规则格网的匹配法、基于 TIN 的最小二乘匹配法、最小二乘三维曲面匹配法和迭代最邻近点算法及其改进方法等。

基于规则格网的匹配法是最广泛使用也是最简单的表面匹配技术,其中两个数据集被重采样成等间隔的均匀分布的网格,因此两者之间垂直方向的差异可以很容易计算出来。这种表达方式也经常被称为 2.5 维数据,即任何位置 (x, y) 坐标对只能有一个高程值,其优点在于可以利用原有的标准图像处理技术直接对其进行处理,但是基本的图像匹配方法通常提供的结果只是一个二维偏移量,而 LiDAR 数据处理需要得到三维方向的差异,因此可以考虑使用强度图像匹配直接获得相应范围数据的三维方向偏移。另外,原始点云格网化后会包含各种误差,而 LiDAR 点密度本身低于完整表面采样所需的最低空间抽样距离要求。因此,基于规则格网的同名特征点获取需要经过两次内插,匹配精度容易受二次内插所造成误差的影响。

基于 TIN 的最小二乘匹配法采用 TIN 作为数据组织结构,对不同航带重叠区域的数据构建不规则三角网面片,进而实现匹配。这种数据组织方式可以保留任何位置的原始点云三维信息,并提供任何位置的基于邻接三角形定义表面的内插值,避免点云数据的二次内插影响。

迭代最邻近点(iterative closest point, ICP)算法原理是将两个自由表面上距离最近的点作为对应点,然后以其之间的距离平方和最小原则建立目标方程,并根据最小二乘原理迭代求解转换参数。ICP 算法在图像匹配、模式识别中应用较多,不需要专门对点云数据进行点特征提取,同时可针对各种不同特征的数据进行套合,如线特征、曲面特征、角点特征等,但存在运算量大、需要初始值以及易于局部收敛等不足,因此很多学者对此算法进行了改进和优化。最小二乘三维曲面匹配法以三维特征表面为拼接单位,根据预先给出三维表面模板实现三维表面的完整拼接,是最小二乘匹配在三维空间上的衍生,也是一种全局配准方法,变换参数需要比较合理的初始值。

在进行航带平差时应选择表面均匀的区域,如道路、建筑物表面等,同时避开植被区域,因为植被区域可能包含多次回波信号,影响匹配和平差结果。

(2) 航带平差模型的选取与解算。航带平差模型可分为数据驱动模型和传感器检校模型。对于精度要求不高的应用,简单的数据驱动模型可满足要求。相比而言传感器检校模型对原始数据的要求更高,对于带状狭长的测量区域,必须使用传感器检校模型,原因在于带状区域的重叠面积有限,只有良好的检校系统才可以提供较好的整体数据精度。

数据驱动模型是根据相邻航带同一地物的平面坐标和高程偏差建立相应的数学模型,利用匹配原理将重叠区域联系起来并采用模型进行解算,求出参数以计算激光点坐标,如七参数转换模型,其包括 3 个空间平移参数、3 个空间旋转参数和 1 个尺度因子。空间平移参数 $[\Delta x_{i,i+1} \quad \Delta y_{i,i+1} \quad \Delta z_{i,i+1}]^{\mathrm{T}}$ 表示相对于 x、y、z 轴向的相对平移量,空间旋转参数 $[\alpha \quad \beta \quad \gamma]^{\mathrm{T}}$ 表示相对于轴向的相对旋转量,尺度因子 m 表示相对缩放比例。由此,构建的七参数转换模型为:

$$\begin{bmatrix} x_{H_i} \\ y_{H_i} \\ z_{H_i} \end{bmatrix} = m \times \boldsymbol{R}_z \times \boldsymbol{R}_y \times \boldsymbol{R}_x \times \begin{bmatrix} x_{H_{i+1}} \\ y_{H_{i+1}} \\ z_{H_{i+1}} \end{bmatrix} + \begin{bmatrix} \Delta x_{i,i+1} \\ \Delta y_{i,i+1} \\ \Delta z_{i,i+1} \end{bmatrix} \quad (3.7)$$

其中,

$$\boldsymbol{R}_x = \begin{bmatrix} 1 & 0 & 0 \\ 0 & \cos\alpha & -\sin\alpha \\ 0 & \sin\alpha & \cos\alpha \end{bmatrix}, \boldsymbol{R}_y = \begin{bmatrix} \cos\beta & 0 & \sin\beta \\ 0 & 1 & 0 \\ -\sin\beta & 0 & \cos\beta \end{bmatrix}, \boldsymbol{R}_z = \begin{bmatrix} \cos\gamma & -\sin\gamma & 0 \\ \sin\gamma & \cos\gamma & 0 \\ 0 & 0 & 1 \end{bmatrix}$$

其中,$[x_{H_i} \quad y_{H_i} \quad z_{H_i}]^{\mathrm{T}}$ 为基准航带点坐标,$[x_{H_{i+1}} \quad y_{H_{i+1}} \quad z_{H_{i+1}}]^{\mathrm{T}}$ 为邻接带点坐标。这种方法只适用于多个航带间存在的系统性偏移比较一致的情况。

传感器检校模型通过检校参数对传感器进行检校,达到最小化航带间系统性偏移的目的。该模型建立在机载 LiDAR 方程基础上,考虑了机载 LiDAR 几何定位过程,理论严密,但是建立的误差模型存在参数间相关性强的问题,因此在实际应用中为了保证参数解算的精度和可靠性,往往会简化误差方程模型,从而导致平差后还存在未知的残余误差。此外,由于 LiDAR 硬件系统的保密性,通常仅提供给用户三维坐标数据,而不是原始的观测值(如距离、角度等),这也给传感器检校模型应用带来困难。

数据驱动模型不需要原始观测值、简单易行,但理论上并不严密。两种模型的共同点在于对参数平差的准则相同。

航带平差的最后一步是将前面步骤中确定的误差改正值应用于 LiDAR 点云数据。对于数据驱动模型而言,通常采用三维相似变换或更简单的方式将改正值直接应用到原始 LiDAR 点云数据;而传感器检校模型,则需基于传感器检校模型完全重建 LiDAR 点云数据。

4) 辐射校正

机载 LiDAR 记录的强度信息不仅与地物反射率有关,而且与传输距离、大气环境、设备参数等相关,消除这些影响的过程称为相对辐射校正,校正后的强度信息与校正过程中所选用参数密切相关。通过参考地物的强度和辐射参数,如反射率、雷达截面积、后向散射系数等,计算其他地物的辐射参数,称为绝对辐射校正。下面从相对辐射校正考虑的三大因素——观测几何、大气环境和设备参数,以及绝对辐射校正的辐射参数计算方面进行介绍。

（1）观测几何。与观测几何相关的物理量包括距离和入射角（图 3.8）。对于光斑落在同一目标内且假定目标符合朗伯体反射，雷达方程可表示为

$$P_r = \frac{P_t D_r^2 \rho}{4R^2} \cos\theta \eta_{sys} \eta_{atm} \tag{3.8}$$

其中，P_r 为激光接收功率，P_t 为激光发射功率，D_r 为激光接收器的天线孔径直径，ρ 为散射体的反射率，R 为激光传感器到目标地物间的距离。θ 为入射角，对于平坦地面，扫描角等于入射角；当地面有一定坡度时，入射角为激光与地面法线的夹角。η_{sys} 为传感器对信号功率影响系数，η_{atm} 为大气影响系数。

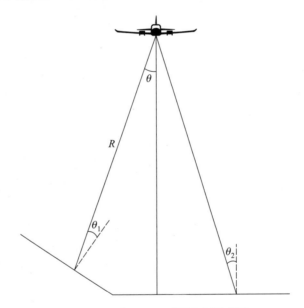

图 3.8　机载 LiDAR 观测几何示意图

可以看出，强度与距离的平方成反比，与入射角的余弦成正比；距离与飞行高度、目标在扫描航带中的位置以及地形起伏有关。一般选择平均相对航高为参考距离，将所有目标的强度归算到参考距离的强度值。当地形平坦时，入射角等于扫描角；当地形起伏时，需要计算法向量与入射激光束的夹角。综合观测几何的影响，校正公式可表示为

$$I_c = I_{raw} \frac{R_i^2}{R_{ref}^2} \frac{1}{\cos\theta_i} \tag{3.9}$$

其中，I_{raw} 和 I_c 分别为校正前后的强度值，R_i 为观测距离，R_{ref} 为参考距离，θ_i 为入射角。

（2）大气环境和设备参数。受大气散射和吸收的影响，激光能量在传输过程中会产生衰减，不同气象条件、视距和波长下其衰减系数不同。影响点云强度的机载 LiDAR 设备参数包括激光发射功率、激光接收器孔径尺寸和激光发散角等。激光接收器孔径尺寸和激光发散角对同一型号机载 LiDAR 传感器是一个常数，只有针对不同传感器的强度数

据进行校正时才需要考虑这些参数差异。大多数情况下,针对同一设备获取的数据主要考虑激光发射功率和信号功率影响系数两个参数。

在同一测区中,设置的激光发射功率基本一样,但在不同测区,特别是飞行高度不同时,激光发射功率有较大差异。在飞行前进行任务规划时,设备对应的航飞软件会根据用户输入的地形、点密度、地面反射率等情况,计算激光脉冲频率和脉冲功率。

某些机载 LiDAR 系统发射脉冲的振幅和波宽存在差异,即不同时刻发射脉冲的功率不同。可以通过波形分解得到每个脉冲的振幅和波宽,假设发射脉冲的振幅只影响回波脉冲的振幅,发射脉冲的波宽只影响回波脉冲的波宽,取一个参考的振幅和波宽,就可以对强度和波宽进行校正。

(3)绝对辐射校正。经过上述校正消除了观测几何、环境、设备参数影响之后,强度与反射率成正比关系。强度大小与参考距离选择、激光接收器孔径尺寸等因素有关,并不符合人们对地物目标辐射特性的表达习惯。通常用反射率、后向散射系数等表达地物的辐射特征,可以选择某一地物,用光谱仪实测反射率作为参考来解算其他目标的反射率,即绝对辐射校正。绝对辐射校正有两个重要假设:一是假设地物目标为朗伯体反射;二是假设地物目标大于光斑面积,即一个光斑内只有同一种地物。

$$\frac{\rho}{\rho_{\text{ref}}} = \frac{I_{\text{c}}}{I_{\text{ref}}} \tag{3.10}$$

$$I_{\text{c}} = I_{\text{raw}} \frac{R_i^2}{R_{\text{ref}}^2} \frac{1}{\cos\theta} \frac{1}{\eta_{\text{atm}}} \frac{P_{\text{ref}}}{P_{\text{t}}} \tag{3.11}$$

$$\rho = \frac{\rho_{\text{ref}}}{I_{\text{ref}}} I_{\text{raw}} \frac{R_i^2}{R_{\text{ref}}^2} \frac{1}{\cos\theta} \frac{1}{\eta_{\text{atm}}} \frac{P_{\text{ref}}}{P_{\text{t}}} \tag{3.12}$$

其中,ρ 和 ρ_{ref} 分别为目标和参考地物的反射率,I_{c} 和 I_{ref} 分别是经过校正后的目标地物强度和参考地物强度,P_{t} 为发射脉冲功率,P_{ref} 为参考地物的接收脉冲功率,η_{atm} 为大气传输效率。

5)质量控制

质量控制主要包括点云密度检查、航带接边检查和点云高程精度检查。

(1)点云密度检查。点云密度用来进行整体点云数据质量评价,一般采用平均密度和方差两个指标。一般来说,高密度点云可以反映更多的地表特征和细节。

(2)航带接边检查。对于相邻航线的重叠区域,通过拉剖面检查相邻航带点云的重叠情况。若不同航带点云重叠处的偏差较大,则需要重新进行系统误差参数检校和航带平差。对于相邻接的测区,也需要进行重叠区域的接边检查。

(3)点云高程精度检查。通常选用位于平坦区域的数据来评价点云高程精度,采用GNSS 测量一定数量的特征明显的检查点高程,将其与获取的点云高程值进行对比,计算高程中误差。

3.2 地基激光雷达数据获取

地基激光雷达可分为车载移动激光雷达、背包激光雷达、架站式激光雷达等。本节主要对架站式地基激光雷达的数据获取流程进行介绍,一般分为计划准备、扫描实施和数据整理三个阶段,总体作业流程如图 3.9。

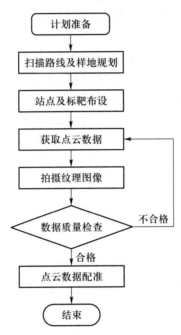

图 3.9 地基激光雷达数据获取总体作业流程

3.2.1 计划准备阶段

结合《地面三维激光扫描作业技术规程》(CH/Z 3017—2015)和已有相关研究(刘春等, 2010),计划准备阶段工作可以分为明确任务要求、扫描路线及样地规划、数据采集方法选择、仪器和软件配置、作业人员配置、保障措施制定以及扫描作业前检查等环节。

1) 明确任务要求

接到扫描任务后,应全面、细致地了解任务来源/背景、任务内容/目标、工作范围、工作量和完成期限等,这是制定扫描计划的主要依据。

2）扫描路线及样地规划

扫描路线及样地规划是整个计划准备阶段中最重要的步骤。需要根据测区范围、自然地理概况（地形、地貌、交通、气候等）、扫描对象的形态和空间分布以及测量精度要求等，在兼顾代表性与可操作性前提下选取样地并规划合理的采集路线，以提高外业数据采集工作效率，避免盲目测量，造成不必要的人力和物力浪费。

为保证扫描路线及样地规划的合理性，在工作范围、距离允许的情况下，应尽可能到现场踏勘，制定切实可行的工作计划。若测区地形条件复杂或距离太远，现场实地踏勘有困难，则可以根据测区现有资料在图纸上进行工作方案初步设计，实地作业时再结合扫描对象及周边环境灵活调整（谢宏全等，2014）。

3）数据采集方法选择

数据采集方法直接影响点云拼接方式以及扫描实施阶段的实地作业，因此需根据样地位置、扫描对象结构特征、周围环境以及扫描成果具体应用等来选择合适的数据采集方法，将多测站数据拼接产生的累积误差降到最小。地面激光扫描仪的数据采集方法主要有三种：基于"测站点+后视点"的数据采集方法、基于标靶的数据采集方法和基于点云自动拼接的数据采集方法（欧斌，2014）。

（1）基于"测站点+后视点"的数据采集方法。该方法类似于传统测量，需要将扫描仪和标靶架设在已知控制点上，依次完成设站、定向、扫描等操作。首先，提前布设控制网，借助全站仪、GNSS等仪器测量各控制点的坐标。由于经过前期的控制测量，理论上各测站点和后视点（标靶点）的坐标已经统一在同一空间参考系下，因此后期的点云配准过程实质上只是完成不同测站的点云拼接，无须再考虑坐标转换问题，拼接精度高。该方法不需要相邻测站之间有重叠区域，一般适用于带状测量或测区范围较大的复杂工程。

（2）基于标靶的数据采集方法。测站和标靶应该布设在测区范围内通视条件较好、视野开阔的位置，后期通过公共标靶实现各测站点云数据的配准，一般情况下要求相邻测站间至少有3个不共线的标靶。该方法简单、快速，精度高，通常适用于扫描小型独立对象。

（3）基于点云自动拼接的数据采集方法。与基于标靶的数据采集方法类似，区别在于该方法不需要标靶进行辅助，只需保证相邻测站间至少30%的重叠区域，因此需要人工选择重叠区域且具有明显特征的同名点，扫描结果与实施者的经验有很大关系。该方法在数据拼接精度方面低于前两种方法，适用于精度要求不高且测区有明显特征的工程。

4）仪器和软件配置

确定满足扫描工作需要的激光扫描仪、GNSS、标靶、数码相机、便携式电脑、存储介质以及数据处理软件，还应配置遮阳伞等防护设备。特殊作业环境时，所选仪器设备应满足安全要求。

（1）地面三维激光扫描仪的选择。地面三维激光扫描仪的型号较多，主要生产厂家有 Leica（瑞士）、Riegl（奥地利）、Trimble（美国）、FARO（美国）、Basis（美国）、Optech（加拿大）、Topcon（日本）、I-Site（澳大利亚）、Z+F（德国）、中海达（中国）、北科天绘（中国）、思拓力（中国）等。各厂家产品在激光波长、激光器类型、射程、扫描速度、测距精度、视场范围等方面存在差异（部分设备参数可参阅第 1.2 节表 1.4 和表 1.5）。选择仪器时应首先考虑任务技术要求、测区环境等因素，再结合仪器主要技术参数来选择。一般情况下，一台地面三维激光扫描仪就能够满足作业要求，特殊情况下（如任务量大、工期短或扫描对象有特殊要求）需要多台仪器共同作业，甚至可能使用不同品牌型号的仪器（谢宏全等，2014）。

（2）标靶的选择。标靶是数据整理过程中进行点云拼接的重要标志，直接关系到点云拼接质量。常用的标靶分为球形标靶和平面标靶（图 3.10）。球形标靶从任意方向上都能得到球心坐标，能够实现建筑物内、外部以及转角处的扫描，主要用于多视角点云模型的拼接。平面标靶与球形标靶相似，配准精度高，也可以和全站仪等配合使用，主要用于条带、面状目标的配准和坐标转换。

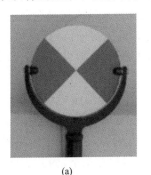

(a)   (b)

图 3.10   常用标靶：(a) 平面标靶；(b) 球形标靶

5）作业人员配置

根据作业内容配置作业人员数量，一般由 4~5 人组成。作业人员应经过一定的培训，熟悉全部技术流程，培训合格后方能参与作业。

6）保障措施制定

主要包括安全保障和进度计划两部分。扫描作业应考虑仪器工作温度要求，如果长时间暴露于太阳强光照射环境中，应为仪器遮阳。此外，激光会对人眼造成一定程度伤害，应避免人眼直视激光发射头。高空作业应保证足够的操作空间和架站区域，并检查平台稳定性以确保仪器和人员安全。根据任务期限合理制定整个内业处理与外业调查任务的进度计划。

7）扫描作业前检查

首先,检查扫描设备各部件及配件是否齐全、匹配,设备各部件是否连接紧密且稳定。具有激光对中、双轴补偿功能的设备还应进行功能检查。其次,检查扫描仪通电后是否能正常使用,电源容量和内存容量是否满足作业时间需求,避免由于中途电量不足而中断扫描。再次,对内置同轴相机进行照片与点云匹配检查,排除照片与点云之间的误差;外置相机应进行相机主距、像主点、畸变参数、安装姿态等参数的标定和校准。最后,准备车辆、供电设备、数码相机等辅助设施,清点人员是否到位。

3.2.2　扫描实施阶段

在扫描实施阶段,应要求扫描人员尽可能地规范操作,并选择良好天气进行作业,以获取高质量点云。本节结合《地面三维激光扫描作业技术规程》详述基于标靶的数据采集方法,包括站点布设、标靶布设、架设扫描仪、扫描实施、纹理图像数据获取等步骤。

1）站点布设

站点布设需要综合考虑扫描数据的完整性、数据精度、重叠度、数据冗余度和扫描仪的安全,具体要求如下:

（1）选择合适的站点。为保证扫描数据完整性,站点选择应遵循所有待测目标均可被扫描的原则,同时需考虑树枝、树叶对目标的遮挡,确保能够获取完整的待测目标三维点云。

（2）选取适当的扫描距离。三维激光扫描仪获取的数据精度与扫描距离成反比,因此扫描仪与待测目标之间的距离不应过长,且尽量确保待测目标位于扫描仪 45° 入射角内,例如,将站点布设在目标物密集区域的正前方,则可以较小入射角获取更高精度的数据。

（3）设置合理的重叠度。为保证后续数据拼接的精度,相邻两站之间的重叠度应不低于 30%。

（4）减少数据的冗余度。在保证数据完整的前提下,应以尽量少的测站数量、合适的扫描模式完成数据采集,同时在作业过程中尽量避免对无关目标的扫描。

（5）确保扫描仪的安全。扫描仪应架设在视野开阔、地形平坦的区域。

2）标靶布设

在激光点云数据中标靶非常容易被识别和量测,可用于点云数据质量检查和点云配准,因此标靶布设是三维激光扫描作业的关键之一。标靶布设应遵循四个原则:①保证标靶可被至少两个站点的扫描仪完整地扫描;②标靶作为多站数据配准时的同名点,应保证两个相邻测站至少存在三个同名点;③应在扫描范围内均匀布置且避免将其布设为狭长形状,例如,可在测区以近似正三角形的方式布设 3 个标靶;④与扫描仪的距离应合适,距离过小会导致较大的坐标变换误差,距离过大则会造成标靶中心位置的识别精度降低。图 3.11 为测站和标靶的分布示意图。

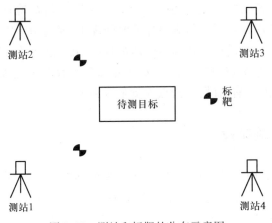

图 3.11   测站和标靶的分布示意图

3) 架设扫描仪

使用三脚架将扫描仪架设在选定的站点处,架设时应保持激光扫描仪水平,高度适中,再将仪器对中、整平、开机。

由于激光扫描仪适合的工作温度为 0 ~ 40℃,且其内部(或外部)安装有高清数码相机和其他感光器件,所以安装仪器时应避免太阳直射。如果在高温环境下进行扫描,需要将扫描仪架设至阴凉处,或使用太阳伞遮蔽以免因仪器高温造成观测误差。

4) 扫描实施

布设完成后便可打开扫描仪电源并设置主界面参数,如扫描参数和采样分辨率等,此外扫描时应尽量避免待观测目标出现反光。扫描实施具体过程如下:

(1) 粗略扫描:使用低分辨率模式粗略扫描待测物体,获取待测目标大致范围与方位,以保证精确扫描时可准确地获取待测目标的点云数据,同时减少数据冗余;

(2) 精细扫描:根据粗略扫描结果使用较高分辨率模式扫描本站待测目标;

(3) 标靶扫描:对标靶进行精细扫描,为标靶设置唯一标记并确定标靶中心点,然后用全站仪或实时动态差分(real-time kinematic,RTK)系统获得标靶和扫描站点的大地坐标,为后续多站数据配准及坐标转换做准备;

(4) 当前站点扫描完成后移至下一站点,重复上述步骤(1)~(3),直至所有待测目标被扫描完成。

扫描过程中应注意:①避免三脚架晃动,以保证测量精度;②避免扫描范围内出现人员或者悬浮物,尽量减少噪声点;③扫描仪如出现死机、断电、位置变动等突发情况,应检查仪器,确认其完好后重新扫描;④扫描过程中尽量让待测目标保持静止状态,以避免被测目标产生分层、偏移等现象。

5) 纹理图像数据获取

利用三维激光扫描仪内置(或外置)相机可获取目标的纹理图像,以作为建模后的纹理贴图或为多站拼接提供参考。获取纹理图像时应保证相邻两幅图像的重叠度不低于30%,并且应避免逆光或光线较暗造成的图像质量损失。作业结束后,关闭激光扫描仪和相机并及时将获取的数据导入计算机,检查目标点云或图像数据是否完整、质量是否满足要求、标靶是否完整可用,若存在数据缺失或异常,则应及时补测。

3.2.3　数据整理阶段

完成整个测区的数据采集后即可将采集的数据进行初步处理与整理,主要包括点云配准和质量检查。在多站点架站扫描中,每站的数据都处于独立的局部坐标系下,因此在采集完成后需要对同一测区的多站数据进行拼接,这一过程称为点云配准。此外,由于仪器本身或周围环境等因素影响,还需要在第一时间进行点云质量检查,如点密度、完整性和重叠度等,以此判断是否需要对目标进行及时补测或重测。最后将数据集整理并保存。

1) 点云配准

对于地基激光扫描点云,点云配准是将各自独立坐标系的站点数据统一到同一个相对坐标系或真实地理坐标系下,从而得到目标对象的完整点云数据(Li *et al.*, 2016)。点云配准是三维空间的刚体变换,不会发生形变,通常分为粗配准和精配准两个步骤。粗配准一般通过人工选择特征点实现,配准精度最高可达毫米级;精配准则自动选取特征元素进行匹配,其精度可达亚毫米级。

粗配准一般是在相邻站点重叠区域选择若干同名点,解算转换矩阵参数(张祖勋和张剑清,1997)。转换矩阵参数有7个,包括3个旋转角参数(ω、φ、κ)、3个平移参数(Δx, Δy, Δz)以及1个尺度系数(λ)。而激光扫描数据是原比例尺实测数据,其尺度系数固定为1,因此实际上只有6个未知参数。转换矩阵参数求解方程为

$$\begin{bmatrix} X \\ Y \\ Z \end{bmatrix} = R_\varphi R_\omega R_\kappa \begin{bmatrix} X_m \\ Y_m \\ Z_m \end{bmatrix} + \begin{bmatrix} \Delta x \\ \Delta y \\ \Delta z \end{bmatrix} = R \begin{bmatrix} X_m \\ Y_m \\ Z_m \end{bmatrix} + \begin{bmatrix} \Delta X \\ \Delta Y \\ \Delta Z \end{bmatrix} \tag{3.13}$$

其中,$[X \quad Y \quad Z]^T$为基准测站中点的坐标值,$[X_m \quad Y_m \quad Z_m]^T$为待配准测站中对应同名点的坐标值,$[\Delta x \quad \Delta y \quad \Delta z]^T$为平移量,$R$为旋转角矩阵:

$$R = R_\varphi R_\omega R_\kappa = \begin{bmatrix} \cos\varphi & 0 & -\sin\varphi \\ 0 & 1 & 0 \\ \sin\varphi & 0 & \cos\varphi \end{bmatrix} \cdot \begin{bmatrix} 1 & 0 & 0 \\ 0 & \cos\omega & -\sin\omega \\ 0 & \sin\omega & \cos\omega \end{bmatrix} \cdot \begin{bmatrix} \cos\kappa & -\sin\kappa & 0 \\ \sin\kappa & \cos\kappa & 0 \\ 0 & 0 & 1 \end{bmatrix} = \begin{bmatrix} a_1 & a_2 & a_3 \\ b_1 & b_2 & b_3 \\ c_1 & c_2 & c_3 \end{bmatrix}$$

$$(3.14)$$

其中,R_φ、R_ω、R_κ 分别为 3 个旋转角参数 ω、φ、κ 的旋转矩阵,计算方法为

$$\begin{cases} a_1 = \cos\varphi \, \cos\kappa - \sin\varphi \, \sin\omega \, \sin\kappa \\ a_2 = -\cos\varphi \, \sin\kappa - \sin\varphi \, \sin\omega \, \cos\kappa \\ a_3 = -\sin\varphi \, \cos\omega \\ b_1 = \cos\omega \, \sin\kappa \\ b_2 = \cos\omega \, \cos\kappa \\ b_3 = -\sin\omega \\ c_1 = \sin\varphi \, \cos\kappa + \cos\varphi \, \sin\omega \, \sin\kappa \\ c_2 = -\sin\varphi \, \sin\kappa + \cos\varphi \, \sin\omega \, \cos\kappa \\ c_3 = \cos\varphi \, \cos\omega \end{cases} \qquad (3.15)$$

3 个旋转角参数 ω、φ、κ 分别指原坐标系围绕 x 轴、y 轴、z 轴逆时针旋转的角度:

$$\begin{cases} \varphi = -\arctan\left(\dfrac{a_3}{c_3}\right) \\ \omega = -\arcsin(b_3) \\ \kappa = -\arctan\left(\dfrac{b_1}{b_2}\right) \end{cases} \qquad (3.16)$$

公式(3.13)包含 6 个未知参数,理论上至少需要 3 组同名点才能确定 6 个参数的唯一值。为提高转换矩阵参数的计算精度,通常选择 4 组及以上同名点并基于最小二乘法进行解算得到高精度转换矩阵。

粗配准可分为基于控制点配准、基于标靶配准和基于重叠区同名点配准。其中基于标靶配准的精度最高(万怡平等,2014),需在扫描过程中布设标靶,选取标靶中心点作为配准参考点进行转换矩阵的参数解算,精度可达 3 mm。基于同名点配准,即在相邻站点扫描重叠区内选择特征点作为参考点计算转换矩阵参数(葛晓天等,2010)。基于控制点配准方法即在扫描过程中同步测量各测站中心点经纬度及北方向,点云数据以绝对坐标系为基准坐标系直接实现配准,其配准精度与定位和定向精度有关。

点云精配准的算法很多,如迭代最近点(iterative closest point,ICP)算法、正态分布变换(normal distribution transform,NDT)算法、随机抽样一致性(random sample consensus,RANSAC)算法等,其中应用最广泛的是 ICP 算法及其各种改进算法(Besl and Mckay,1992)。ICP 算法是在基准点云集与目标点云集中匹配距离最近点对并建立点对映射关系,以所有点对距离差平方和最小作为约束条件计算最优坐标转换函数。传统 ICP 算法流程如下:

设 $P = \{p_i | p_i \in R^3, i = 1, 2, \cdots, N_p\}$ 和 $X = \{x_i | x_i \in R^3, i = 1, 2, \cdots, N_x\}$ 分别是三维空间 R^3 中的待配准的基准点云集和目标点云集。

①输入参考点云集 P（含 N_p 个点）和目标点云集 X（含 N_x 个点），$N_p \leqslant N_x$。

②对同名点集和变换矩阵参数初始化：

$$P_0 = P, \quad \boldsymbol{q}_0 = [1 \quad 0 \quad 0 \quad 0 \quad 0 \quad 0 \quad 0]^{\mathrm{T}}, \quad k = 0。$$

③由点集 P 中的点，在点集 X 上计算相应最邻近点集 C。

④求解配准参数向量 $\boldsymbol{q}_{k+1} : \boldsymbol{q}_{k+1} = (P_0, C)$；得到参数向量 $\boldsymbol{q}_{k+1}$ 后计算距离平方和值为 $f_{k+1} : f(q) = \sum\limits_{i=1}^{N_p} ||\boldsymbol{d}_i||^2 = \sum\limits_{i=1}^{N_p} (\boldsymbol{d}_i^{\mathrm{T}} \boldsymbol{d}_i)$。

⑤基于配准参数变换 $P_0 : P_{k+1} = \boldsymbol{q}_{k+1}(P_0)$。

⑥判断运算是否收敛，当距离平方和的变化 $(f_{k+1} - f_k)$ 小于预设阈值时，判断为收敛，完成 ICP 精确配准；否则，返回步骤③，继续进行迭代运算。

⑦完成 ICP 精确配准，对源点云进行坐标变换：$P' = \boldsymbol{q}_k(P)$。

可以看出，迭代计算限制了大面积高密度点云的配准效率，且初始值选取质量决定迭代是否正确收敛。改进的 ICP 算法在传统 ICP 算法基础上拓展了特征元素的选择对象，包括曲面特征点法向量或面到面的距离。曲面的每一个凸点或凹点都是特征点，用所有特征点对法向量的偏移量代替点对距离误差作为最小二乘解算控制因子进行迭代计算，得到最佳转换矩阵，基于面到面之间距离的改进 ICP 算法原理与之类似。相较于传统 ICP 算法，改进算法自动选择特征明显的特征元素参与解算，在不影响配准精度条件下极大地提高了计算效率，但相同之处在于初值选择，且对粗配准有一定要求。

针对多站点云数据的粗配准和精配准，目前大部分激光雷达数据处理软件如 CloudCompare、Riscan Pro、Meshlab、PCM、LiDAR360 等都内置点云配准功能。以 PCM v2.0 为例，在精配准前利用各站数据生成特征平面，然后采用基于特征平面的 ICP 改进算法，将面与面距离差平方和最小作为限制条件，并设置搜索半径等参数进行迭代，减少计算量和映射错误率。例如，以某大楼为实验场景，利用 Riegl VZ-1000 扫描仪获取大楼的多个测站扫描数据，并利用 PCM v2.0 软件逐站点进行相邻测站点云数据的两两配准。然而该方法存在传递误差，过大的累积误差会使迭代无法正确收敛甚至不收敛，从而造成较大的配准误差或配准失败。为了避免由点云的两两配准导致的误差传递和累积，可采用分块联合配准的方法，即将所有站点数据分成若干区块，先进行各区块内部的多个站点数据的联合配准，在保证区块内配准误差较小的情况下再进行区块合并，直至完成所有站点的整体联合配准。图 3.12 为大楼多站点配准后的点云数据，不同颜色表示不同测站的扫描数据。

2）点云质量检查

地面激光扫描时易受遮挡物影响，导致数据出现空洞、不完整等，因此二次扫描计划需要在数据检查结果基础上制定，及时进行质量检查，确认需要补测或重测的范围。质量检查要点包括：

图 3.12   配准后大楼点云数据(参见书末彩插)

(1)点云完整性和重叠度。地面激光扫描过程中,由于复杂场景下目标物之间的相互遮挡,激光束无法通过一次扫描直达目标物的所有部位,需要进行多站扫描测量。而多测站数据配准精度与点云重叠度直接相关,在可视范围内,站与站之间点云重叠率应在20%~30%,才能满足不同测站点之间拼接的要求。部分较为复杂的建筑物存在更多遮挡,需要进行更多测站扫描,以保证点云数据完整性。

(2)点云密度。根据测量项目成果的精度要求来确定,可以按照项目设计要求在软件中读取点云数据,计算激光点云覆盖范围、面积并统计点数量,从而计算测量范围内的点密度,对不符合要求的地区进行补测。

(3)噪声点。在扫描过程中受云雾、仪器、地形等因素影响产生的明显不属于测区内的点,会对点云后续处理、分析与应用造成干扰,因此需对噪声点的分布、数量以及形成原因进行检查分析。对于明显影响点云质量的噪声点区域,需要进行数据的删除及补测;对于明显远离实际目标点云的噪声点,可通过点云去噪方法进行去除(参见第4.1节)。

3.3   星载激光雷达数据获取

搭载在卫星平台或者国际空间站上的激光雷达传感器统称为星载激光雷达。本节重点介绍国内外几个主要的星载激光雷达系统,包括每个系统的搭载平台、系统参数、数据产品以及下载方式等。

3.3.1 ICESat/GLAS

ICESat(Ice,Cloud and Land Elevation Satellite)即冰、云和陆地高程卫星,是全球首个对地观测激光测高卫星,于 2003 年 1 月 13 日发射升空,主要有效载荷为地球科学激光测高系统(Geoscience Laser Altimeter System,GLAS)。ICESat/GLAS 的主要科学目标为测量两极冰盖高程和海冰的变化,测量冰盖物质质量平衡、云和气溶胶高度,以及获取地形和植被特征参数(Schutz et al., 2005)。

ICESat 沿着近圆的近极地轨道飞行,高度约 600 km,轨道倾角 94°,重复周期约 183 天,可覆盖 86°N~86°S 的全球大部分地区。GLAS 系统采用 Nd:YAG 激光器,激光在地面上的光斑直径为 60~70 m,同一条带内相邻光斑中心的间距约 170 m,相邻条带间的距离随纬度不同而有所差异:赤道附近轨道间距为 15 km,纬度 80°处的间距为 2.5 km。GLAS 系统以 40 Hz 的频率发射红外(1064 nm)和绿光(532 nm)激光脉冲,前者用于地面和海平面测高,后者用于大气后向散射测量,其测量沿轨方向云和气溶胶高度分布的空间分辨率可达 75~200 m,对厚云层测量的水平方向分辨率为 150 m。GLAS 系统的主要参数见表 3.5。

表 3.5　ICESat/GLAS 系统主要参数

参数	指标	参数	指标
发射时间	2003 年 1 月	光斑直径/m	60~70
平台	卫星	脉冲能量/mJ	72/36
平台高度/km	600	光斑间距	
波长/nm	1064/532	航向/m	170
接收口径/m²	0.709	旁向/km	15 km(最大);2.5km(最小)
接收视场角/μrad	450/150	重复周期	183 d
激光发散角/μrad	110	精度指标	
脉冲重复频率/Hz	40	设计寿命	3 年(实际在轨 6 年,2009 年 11 月失效)
脉冲宽度/ns	5	1064 nm 测距精度/cm	13.8(冰、陆地)
脉冲形态	高斯波	1064 nm 水平精度/m	4.5(冰、陆地)
信号采样频率/GHz	1	532 nm 垂直分辨率/m	75~200(云)
垂直分辨率/cm	15	532 nm 水平分辨率/m	150(云)

GLAS 数据产品分为 3 个级别(Level 0、1、2)、15 种标准数据产品和辅助数据(表 3.6)。Level 0 是原始的遥测数据,Level 1A 记录仪器参数,Level 1B 为初级产品数据,

表 3.6   GLAS 数据产品概述

产品	等级	描述	说明
GLA01	L1A	Global altimetry data	全球测高数据
GLA02	L1A	Global atmosphere data	全球大气数据
GLA03	L1A	Global engineering data	全球工程数据
GLA04	L1A	Global laser pointing data	全球激光定点数据
GLA05	L1B	Global waveform-based range corrections data	全球波形测高修正数据
GLA06	L1B	Global elevation data	全球高度数据
GLA07	L1B	Global backscatter data	全球后向散射数据
GLA08	L2	Global planetary boundary layer and elevated aerosol layer height	全球行星边界与气溶胶高度数据
GLA09	L2	Global cloud heights for multi-layer clouds	全球厚云层高度数据
GLA10	L2	Global aerosol vertical structure data	全球气溶胶垂直结构数据
GLA11	L2	Global thin-cloud/aerosol optical depths data	全球薄云/气溶胶光学厚度数据
GLA12	L2	Antarctica and Greenland ice-sheet altimetry data	南极洲/格陵兰冰层测高数据
GLA13	L2	Sea-ice altimetry data	海冰测高数据
GLA14	L2	Global land-surface altimeter data	全球陆地表面测高数据
GLA15	L2	Ocean altimetry data	海洋测高数据

Level 2 包括冰、海洋、地球物理学和大气的应用数据。

ICESat/GLAS 数据由美国冰雪数据中心（National Snow and Ice Data Center, NSIDC）公开发布,可免费下载。下载前需要注册账号,然后根据提示输入时间、地理坐标范围进行查询检索,下载特定时间段固定范围内的数据产品。NSIDC 官网提供了三种数据下载方法,分别为 Python Script、Order Files 和 Large/Custom Order。

（1）Python Script 方法要求提前安装 Python2 或 Python3 版本的软件,通过下载的 Python 源码自动下载 GLAS 数据到指定目录。

（2）Order Files 提供了数据的 Zip 压缩文件,以及单个文件下载链接列表。

（3）Large/Custom Order 是当下载数据超过 2000 个时使用,可以获取单个文件下载链接列表,也可以通过命令行直接下载。

3.3.2   ICESat-2/ATLAS

ICESat 于 2009 年失效后,NASA 于 2018 年 9 月 15 日发射了 ICESat-2 卫星,搭载的光子计数激光测高仪 ATLAS（Advanced Topographic Laser Altimeter System）采用了微脉冲多波束光子计数激光雷达技术,这是该技术首次应用于星载平台（Markus *et al.*, 2017）。它采用更加灵敏的单光子探测器,具有更高的脉冲重复频率,可以获取光斑更小、密度更高的光子点云数据,进而实现精细的地表三维测量。它的主要科学目标包括:①定量评估极地冰盖对当前和近期海平面变化的贡献;②量化冰盖变化的区域特征,以评估其变化驱动机制,并改进冰盖预测模型;③估算海冰厚度,研究海冰/海洋/大气之间的能量、物质和水分交换;④测量植被高度,揭示大区域植被生物量现状及其变化规律。

ICESat-2 轨道高度约 500 km,轨道倾角 92°,观测覆盖范围 88°S ～ 88°N,重复周期 91 天,每个周期有 1387 个轨道。ATLAS 系统有两个激光器,通常仅有一个处于工作状态,以 10 kHz 重复频率发射 532 nm 绿光波段的激光脉冲,脉冲宽度 1.5 ns,可以获取沿轨间隔约 0.7 m、直径约 17 m 的重叠光斑。ATLAS 共发射 6 束激光束,在沿轨方向分 3 组平行排列(图 3.13),每组分别包含一个强信号和一个弱信号,两者能量比为 4∶1;每组之间跨轨距离约 3.3 km,组内跨轨距离约 90 m。表 3.7 列出了 ICESat-2/ATLAS 平台及传感器的主要参数。

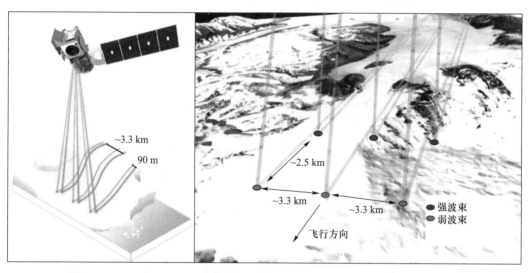

图 3.13　ICESat-2/ATLAS 波束分布示意图(据 Neuenschwander and Pitts, 2019)

表 3.7　**ICESat-2/ATLAS 系统主要参数**(Markus *et al.*, 2017)

参数	指标	参数	指标
运行高度/km	500	脉冲宽度/ns	1.5
轨道倾角/(°)	92	波束数	6(分 3 组排列)
覆盖范围	88°S—88°N	波束能量比(强∶弱)	4∶1
重复周期/d	91	波束组内间距/m	约 90
发射频率/kHz	10	波束组间间距/km	约 3.3
激光波长/nm	532	波束能量(强)/μJ	175±17
光斑直径/m	约 17	波束能量(弱)/μJ	45±5
光斑沿轨间距/m	约 0.7	接收器口径/m	0.8

　　ICESat-2/ATLAS 提供 21 种标准数据产品,分为 Level 0、Level 1、Level 2、Level 3 四级
(表 3.8)。ATL00 为 Level 0 级产品,提供原始遥测数据;ATL01 和 ATL02 为 Level 1 级产
品,是经过格式转换和仪器误差校正后的遥测数据;ATL03 和 ATL04 是 Level 2 级产品,
其中 ATL03 结合了光子往返时间、激光器位置和姿态角数据,确定了 ATLAS 接收光子数
据的大地测量位置(即纬度、经度和高度);ATL06～ATL21 是 Level 3 级产品,提供冰川/
冰盖高度、海冰高度、植被冠层高度和内陆水体高程等信息。

表 3.8　ICESat-2/ATLAS 数据产品概述

等级	产品	名称	描述
Level 0	ATL00	遥测数据	原始遥测数据
Level 1	ATL01	格式化后遥测数据	按接收日期(天)分割的 HDF5 格式遥测数据
	ATL02	单位转换后遥测数据	经仪器误差校正后光子往返时间,包括时间数据、姿态角数据、激光器位置、管理数据、工程数据和原始大气剖面数据
Level 2	ATL03	全球定位光子数据	按轨道方向排列的每个单光子位置信息(经度、纬度和高度等)。所有光子被标记为信号或噪声光子,并被标记地表类型(陆冰、海冰、陆地、海洋),同时所有光子已进行地球物理修正(如地球潮汐、大气延迟等)
	ATL04	未校准的后向散射配置文件	沿轨大气后向散射数据,包括极地区域的校准系数
Level 3	ATL06	陆冰高程	沿轨距离每 40 m 对应的陆冰表面高程和每对波束沿轨、跨轨坡度信息
	ATL07	北极/南极海冰高程	海冰和开放水域高程,沿轨方向步长由每波束对应的光子返回率决定
	ATL08	陆地植被高度	地面高程信息,在数据允许情况下,包括冠层高度、冠层覆盖度、地表坡度和粗糙度、表观反射率
	ATL09	校准的后向散射和云特性	沿轨方向云和其他重要大气层高度,吹雪、综合后向散射和光学深度
	ATL10	北极/南极海冰干舷	利用所有可用的海面高度测量值估算特定空间尺度上的海冰干舷,包含海面和海冰高度的统计信息
	ATL11	南极洲/格陵兰岛区域时间序列冰盖高度	根据重复轨迹和/或交叉数据获取的冰盖各点对应的长时间序列高度信息
	ATL12	海洋高程	特定长度的海洋表面高程,在数据允许的情况下,包括海洋高度分布、粗糙度、表面坡度和表观反射率估计值
	ATL13	内陆水位	沿轨方向内陆及近海岸水位分布,在数据允许情况下,包括粗糙度、坡度和坡向

等级	产品	名称	描述
	ATL14	格网化的南极洲/格陵兰岛区域时间序列冰盖高度	根据所有的冰盖高度数据制作的每年冰盖高度分布图
	ATL15	格网化的南极洲/格陵兰岛区域冰盖高度变化	每个冰盖的高度变化图,每年冰盖高度变化图,以及整体冰盖高度变化图
	ATL16	每周 ATLAS 大气	极地云量、吹雪频率、地面探测频率
Level 3	ATL17	每月 ATLAS 大气	极地云量、吹雪频率、地面探测频率
	ATL18	格网化地面高程/植被冠层	格网化的地面高度、冠层高度和冠层覆盖度分布图
	ATL19	平均海洋高度	格网化的海洋高度分布图
	ATL20	格网化北极/南极海冰干舷	格网化的北极/南极海冰干舷分布图
	ATL21	海冰覆盖区域格网化的海洋高度	海冰覆盖范围内,格网化的每月海洋高度分布图

ICESat-2/ATLAS 数据于 2019 年 5 月开始由 NSIDC 公开发布,可免费下载。与 GLAS 一样,NSIDC 官网为 ATLAS 数据下载提供了三种相同方式。

下载的数据产品 HDF5 文件命名遵循统一规范:除了 ATL07 和 ATL10,其他所有产品命名为 ATLxx_yyyymmddhhmmss_ttttccss_vvv_rr. h5,其中 ATL07、ATL10 增加了 1 个参数,命名为 ATLxx-HH_yyyymmddhhmmss_ttttccss_vvv_rr. h5,其文件命名规则详见表 3.9 所示。

表 3.9　ICESat-2/ATLAS 标准文件命名关键字

关键字	含义
xx	产品品号(02-21)
HH	半球标识,北半球=01, 南半球=02
yyyymmdd	数据获取时间:年月日
hhmmss	数据获取时间:时分秒(UTC)
tttt	参考轨道编号,ICESat-2 任务有 1387 个轨道,编号从 0001 到 1387
cc	重复轨道周期数
ss	轨道分段号,ATL02/ATL03/ATL06/ATL08 轨道号范围为 01-14, ATL04/ATL07/ATL09/ATL10/ATL12/ATL13/ATL16/ATL17 为 01
vvv_rr	版本及修订号

3.3.3   GEDI

2018 年 11 月,美国将全波形 LiDAR 传感器 GEDI(Global Ecosystem Dynamics Investigation)搭载于国际空间站,设计寿命两年。该系统共有三个激光器,可同时获取 8 波束全波形数据,在轨期间将产生约 100 亿次无云地面观测(Dubayah *et al.*, 2020)。其主要科学目标包括:①对地球的三维结构进行高分辨率激光测量;②精确测量森林冠层高度、冠层垂直结构和地表高程;③研究碳/水循环过程、生物多样性和栖息地特征等。

GEDI 的三台激光器工作波长均为 1064 nm,其中一台激光器被分成两束能量较弱的光束,因此三台激光器共产生 4 束光,通过光学抖动产生 8 条地面轨道,相邻轨道间距约 600 m,扫描幅宽 4.2 km,在地面形成的光斑直径约 25 m,光斑沿轨间距约 60 m。GEDI 记录全波形激光雷达回波值,垂直精度为 2~3 cm,覆盖范围为 51.6°S—51.6°N,包括几乎所有热带雨林和温带森林。表 3.10 列出了 GEDI 系统的主要参数。

表 3.10   GEDI 系统主要参数

参数	指标	参数	指标
运行高度/km	419	轨道间距离/m	600
覆盖范围	51.6°S ~ 51.6°N	扫描幅宽/km	4.2
发射频率/Hz	242	脉冲宽度/ns	14
激光波长/nm	1064	脉冲强度/mJ	10
光斑直径/m	25	地面轨道数/个	8
光斑沿轨间距/m	60	运行时间/a	2

GEDI 数据产品分为 L1、L2、L3、L4 四级:L1 产品为经过地理定位的波形数据;L2 产品为光斑尺度冠层高度和剖面,通过对波形进行处理得到的冠层高度和剖面指标,如地形高程、冠层高度、相对冠层高度指标和叶面积指数(leaf area index,LAI);L3 产品为网格化的冠层高度、覆盖度和 LAI 等,通过对冠层覆盖度、冠层高度、LAI、垂直叶型及其不确定性的 L2 级光斑尺度参数进行空间插值,得到对应的 L3 级产品;L4 产品是光斑尺度和网格化的地上碳估算,也是 GEDI 产品的最高级别,通过将 L2 产品中得出的光斑尺度指标转换为光斑尺度地上生物量,然后利用统计理论估算出 1 km 格网的平均生物量及其不确定度。表 3.11 介绍了 GEDI 四级产品及特点。

GEDI 数据产品 GEDI01_B、GEDI02_A 和 GEDI02_B 于 2020 年 1 月公开发布,可免费下载,具体包括三种数据下载方式,分别为数据池(Data Pool)、Earthdata Search 和 GEDI Finder。

(1)Data Pool 直接提供了整个 GEDI 数据获取时间目录列表,以便用户浏览特定时间的 GEDI 数据,但是这种方法无法筛选特定区域的数据。

表 3.11 GEDI 数据产品概述

等级	产品	描述	分辨率
L1	GEDI01_A-RX	原始 GEDI 波形	25 m
	GEDI01_B	经过地理定位的 GEDI 波形	25 m
L2	GEDI02_A	光斑尺度地面高程、冠层高度、相对冠层高度指标	25 m
	GEDI02_B	光斑尺度冠层覆盖度、叶面积指数、垂直叶型	25 m
L3	GEDI03	格网化冠层覆盖度、叶面积指数、垂直叶型	1 km
L4	GEDI04_A	光斑尺度地上生物量	25 m
	GEDI04_B	格网化地上生物量	1 km

（2）Earthdata Search 需要注册账号，但是目前无法通过时间、地理坐标范围进行检索查询。

（3）GEDI Finder 用于筛选指定特定区域的 GEDI 数据。

3.3.4 我国激光卫星计划

近年来，国产激光雷达卫星发展迅速，已陆续发射了多颗搭载激光雷达系统的卫星。2016 年，资源三号卫星 02 星（ZY3-02）搭载了试验性激光测高载荷，为后续激光测高载荷的研发、业务化运行与应用奠定了基础；2019 年 11 月，高分七号（GF-7）卫星同时搭载了激光测高仪、双线阵立体相机等有效载荷，可用于高分辨率立体测绘图像数据获取、高分辨率立体测图、城乡建设高精度卫星遥感和遥感统计调查等领域（Xie *et al.*，2020）。目前该卫星已经成功进行了在轨几何检校，在轨测试表明，高分七号激光测高载荷运行稳定、质量良好、精度达到预期目标，可以用于制作高精度高程控制点数据库。此外，我国还将在 2022 年发射陆地生态系统碳监测卫星（Terrestrial Ecosystem Carbon Inventory Satellite，TECIS）（简称陆地碳卫星）。该卫星同样搭载全波形激光雷达载荷，可用于全球森林系统碳储量估算与监测（Du *et al.*，2020）。

表 3.12 列出了三种国产激光雷达卫星搭载的激光器的部分系统参数，其中，高分七号和陆地碳卫星的设计与 ICESat/GLAS 非常类似，均是线性体制探测方式，且都搭载了具有全波形记录功能的激光测高仪，部分指标也与 ICESat 接近。

表 3.12　国产激光雷达卫星传感器关键参数

卫星名称	发射时间	探测方式	数据记录方式	波束	发射脉冲宽度/ns	足印直径/m	沿轨间隔/m	覆盖范围
ZY3-02	2016	线性	—	1	7	75	3500	83°N~83°S
高分七号	2019	线性	全波形	2	7	17	2500	83°N~83°S
陆地碳卫星	2022	线性	全波形	5	7	30	200	—

3.4　小　　结

本章详细介绍了机载、地基、星载激光雷达的数据获取,其中针对机载和地基激光雷达,主要包括数据获取前的准备工作、激光扫描任务、数据预处理等内容;针对星载激光雷达,特别介绍了国内外多个激光雷达卫星的系统参数、产品和数据获取方式等。

习　　题

(1) 简述机载激光雷达数据获取的工作流程。

(2) 简述地面三维激光扫描仪的数据采集方法及其优缺点。

(3) 机载和地基雷达点云质量检查分别包含哪些内容?

(4) 国内外典型星载激光雷达系统有哪些? 简述它们在搭载平台、系统、数据等方面的异同。

(5) 简要说明 ICESat/GLAS、ICESat-2/ATLAS、GEDI 和高分七号的主要科学任务。

第 4 章

激光雷达数据处理

由于 LiDAR 系统记录方式的不同,离散点云、全波形、光子计数 LiDAR 数据的处理方法也有差别。一般而言,离散点云数据处理的关键步骤有点云去噪、点云滤波和点云分类;全波形数据处理主要涉及波形去噪、波形分解和波形特征参数提取;光子计数数据处理包括光子去噪、光子分类等。本章对三种数据的处理流程以及关键技术进行详细介绍。

4.1 点云数据处理

点云数据处理的目的即通过特定算法从海量、无序的三维点云中提取关键地物要素,为后续数字地面模型生成、地物三维建模和其他相关应用提供高精度数据和信息支撑(杨必胜等,2017)。点云去噪、点云滤波和点云分类是点云数据处理流程的关键步骤,本节进行详细介绍。

4.1.1 点云去噪

点云数据采集过程中,设备误差、人员操作、地物反射、环境干扰等通常会产生少量的噪声点云。按照空间分布特征的不同,噪声点可简单划分为两类:典型噪声点和非典型噪声点。典型噪声点指在局部范围内远离扫描目标的异常点或点簇,如飞鸟、云等形成的噪声点;非典型噪声点指与扫描目标混杂的不明显噪声点,如多路径效应、系统内部因素等形成的噪声点。去噪目的是去除噪声点并最大限度保留扫描对象的局部细节特征。

根据噪声点的空间分布特点,目前常用的去噪方法大致可分为三大类,即基于统计、基于频率域和基于表面的方法。

基于统计的方法考虑了噪声点的高程、密度等属性与非噪声点间存在的显著差异,通过设置适应性阈值来区分噪声点和非噪声点,如韩文军和左志权(2012)将点云构建三角网的光滑性约束作为噪声区分准则。基于频率域的噪声剔除方法将点云变换到频率域空间,利用信号的差异来剔除噪声,如 Somekawa 等(2013)使用小波变换将点云数据变换到频率域,通过滤除突变信号来剔除噪声,难点在于滤波器设计和变换函数选择。基于表面的噪声剔除方法通过构建非噪声点的局部曲面来剔除空间上不连续的噪声点,如形态学运算,但窗口尺寸和阈值的选取是关键(Mongus and Zalik, 2012);基于多尺度曲率估计的去噪方法,在计算点云特征时通过估计高斯曲率来保持特征信息;利用移动最小二乘算法构建局部曲面来剔除噪声,缺点在于时间复杂度高,难以适用于大数据量的去噪。

本节介绍一种分别针对典型和非典型噪声的去噪方法,采用两种算法进行去噪。技术流程如图 4.1 所示。

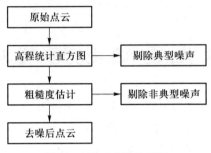

图 4.1　点云去噪流程图

(1)针对典型噪声,采用基于高程统计直方图的去噪方法。统计点云的高程分布,设定采样间隔绘制高程分布直方图,并设置高程和频数阈值,剔除异常高点和低点。

(2)针对非典型噪声,采用基于粗糙度估计的去噪方法。首先构建点云顶点 P 的局部 Delaunay 三角网并确定顶点及其邻域各点,按式(4.1)估计顶点 P 的粗糙度 r_v:

$$r_v(P) = \left| 2\pi - \sum_{i=1}^{n} \theta_i \right| \tag{4.1}$$

其中,n 为顶点 P 所在邻域的点个数,θ_i 为顶点 P 与各个邻域点间的夹角。当顶点 P 在三角网中位置越高或越低,粗糙度 r_v 的值越大,表现为该顶点在邻域内的偏离程度越大,P 为噪声点的可能性越高。

顶点 P 被标记为噪声点的判断准则为:计算 P 邻域内各顶点 Q_i 的粗糙度 $r_v(Q_i)$ 和高程值 $h_v(Q_i)$,分别计算粗糙度的期望 $E_{r_v(P)}$ 和标准差 $\sigma_{r_v(P)}$、高程值的期望 $E_{h_v(P)}$ 和标准差 $\sigma_{h_v(P)}$。在概率密度函数中,正常分布的数据有 99.7% 位于 3 倍标准差范围内。相反,若顶点 P 的粗糙度和高程值都超过 3 倍标准差,则被标记为噪声[式(4.2)和式(4.3)]。

$$|r_v(P) - E_{r_v(P)}| > 3\sigma_{r_v(P)} \tag{4.2}$$

$$|h_v(P) - E_{h_v(P)}| > 3\sigma_{h_v(P)} \tag{4.3}$$

本节对国际摄影测量与遥感协会(ISPRS)于 2003 年发布的公开数据集[①]进行点云去噪测试,图 4.2 显示了包含噪声点的原始数据和剔除噪声点后的数据,可以看出,噪声点被精确剔除。

---

　①　参见 ISPRS WGIII-3 Filtertest forest sites。

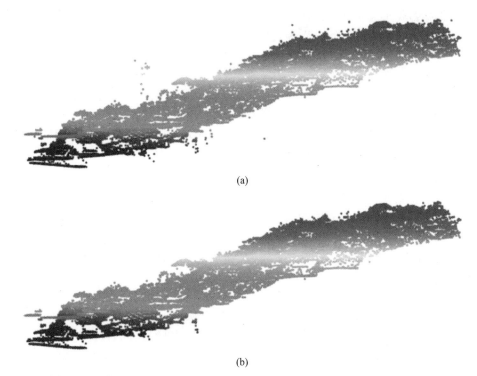

(a)

(b)

图 4.2　机载 LiDAR 点云去噪示例：(a)去噪前点云数据；(b)去噪后点云数据

4.1.2　点云滤波

点云滤波是从原始点云数据分离地面点与非地面点的过程,通常基于一定的条件规则或者先验知识。例如,在一定区域内非地面点总是高于地面点、地形坡度变化总是在一个范围之内、地物具有特定的几何结构,如建筑物、植被等。下面介绍三种经典的点云滤波算法:数学形态学点云滤波、多级移动曲面拟合点云滤波和渐进加密三角网点云滤波。

1) 数学形态学点云滤波

数学形态学(mathematical morphology)是一门建立在网格论和拓扑学基础之上的图像分析方法,腐蚀和膨胀是其中两个最基本的运算算子,通常基于形态学中的开运算(先腐蚀后膨胀)对点云数据进行处理,具体包括栅格化、形态学滤波、高程阈值判定等步骤。

(1) 栅格化。将杂乱的点云数据格网化,主要包含三个步骤:①设置格网大小(格网大小需根据点云密度而定,一般设置 1~2 m)对点云数据进行格网划分;②遍历所有格网,如果格网内包含多个点,则选取高程最低点作为该格网的属性值;如果仅包含一个点,则直接将该点作为格网属性值;如果格网内不包含任何点,则将其标记为无数据;③遍历所有被标记为无数据的格网,运用最邻近插值法获得该格网的 Z 坐标。

（2）栅格数据形态学滤波。对栅格化的数据，利用形态学开运算进行处理得到栅格地面点。腐蚀运算和膨胀运算分别为式（4.4）和式（4.5）：

$$E(Z(i,j)) = \min(Z(i',j')) \tag{4.4}$$

$$D(Z(i,j)) = \max(Z(i',j')) \tag{4.5}$$

其中，i' 和 j' 分别代表行列号为 (i,j) 的格网其邻域格网的行号和列号。对于行列号为 (i,j) 的某一格网，其 Z 值坐标经过腐蚀运算后变为其邻域范围内所有格网中的最小 Z 值，经过膨胀运算后则变为其邻域范围内所有格网中的最大 Z 值。

栅格数据滤波的具体步骤包括：

①设定一个初始邻域搜索窗口并对所有格网进行腐蚀运算。

②按照同样的窗口大小对腐蚀后的栅格数据进行膨胀运算。

③遍历所有格网，分别计算各格网膨胀前、后的 Z 值之差，并通过设置自适应阈值 $\mathrm{d}h_k$ ［式（4.6）］进行地面点判定，若小于阈值，则判定该格网内的点为地面点；否则，判定为非地面点。

$$\mathrm{d}h_k = \begin{cases} \mathrm{d}h_0, & W_k \leqslant 3 \\ \min[\mathrm{d}h_{\max}, S \cdot (W_k - W_{k-1}) + \mathrm{d}h_0], & W_k > 3 \end{cases} \tag{4.6}$$

其中，W_k 为第 k 次滤波的窗口大小；$\mathrm{d}h_0$ 和 $\mathrm{d}h_{\max}$ 分别为最小和最大高差阈值；S 为地形坡度参数。可以看出，高差阈值随滤波窗口增大而增大，增幅由地形坡度 S 决定。

④逐级扩大邻域搜索窗口［式（4.7）］，重复第②~③步直至达到最大窗口为止。

$$W_k = 2 \times b^k + 1 \tag{4.7}$$

其中，k 为迭代次数，$k = 0,1,2,\cdots,M$；b 为初始的窗口尺寸，一般设为 2；最大窗口尺寸等于 $2 \times b^M + 1$，一般取区域内最大建筑物尺寸。

（3）高程阈值判定。经上述步骤处理得到的地面点已经过栅格化，并非扫描获得的地面点云数据，进一步进行高程阈值判定获得原始数据中的所有地面点。具体步骤如下：遍历原始点云，运用反距离加权法插值获得该点正下方的真实地面高程值（即搜索该点一定邻域范围内的地面栅格点进行反距离加权），最后将该点高程值与插值获得的高程值进行高差阈值判定（阈值大小一般设为 0.5 m），若小于阈值则判定为地面点。图 4.3 为某高压输电线路走廊的无人机激光点云形态学滤波效果。

2）多级移动曲面拟合点云滤波

基于曲面约束的滤波方法主要通过局部点云拟合曲面来实现。传统移动曲面拟合的滤波算法是利用 2×3 移动窗口，通过寻找每个窗口的最低点计算得到一个粗略的拟合曲面，然后判断这 6 个移动窗口中的点与拟合曲面的高程差，将所有高程差超过给定高差阈值的点剔除，从而得到地面点（张小红和刘经南，2004）。然而，仅用 6 个点拟合曲面会导致拟合的曲面不能很好地兼顾周围地形的影响，与真实的地形存在偏差，从而影响滤波效果。

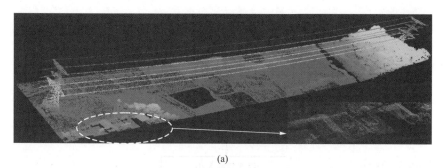

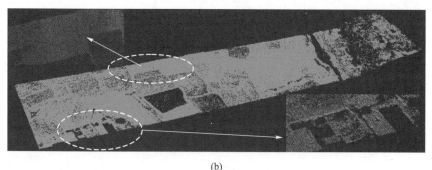

图 4.3　形态学点云滤波示例：(a)原始点云；(b)滤波后地面点(参见书末彩插)

本节介绍一种基于多级移动曲面拟合的点云滤波方法(朱笑笑等，2018)。该方法基于地形的连续性，通过增大窗口邻域并采用格网尺寸按倍数逐级减小的方法，在改变格网尺寸的同时自动设置不同的窗口邻域和高差阈值，对不同地形均能取得较好的滤波效果。算法流程如图 4.4 所示，具体步骤如下。

（1）格网分割及索引。对全部数据进行规则格网化，并将点云按平面坐标分配到相应格网中。为了保证每个格网中的最低点为真实的地面点，格网大小的初始设置应大于最大建筑物的尺寸，然后按倍数逐级减小，直到剔除多数地物点，拟合得到最佳地形表面为止。每个格网记录四种属性(图 4.5)：①点集属性：记录点号并计算每个点对应的格网。②最低点 ID：记录每个格网的最低点 ID。③边界坐标：在拟合曲面时需要格网内点云的相对坐标(点云坐标减去格网左下角边界信息)，因此需记录每个格网的边界信息$(X_{\min}, Y_{\min})$。④标号属性：用二维矩阵的行列号(i, j)对每个格网进行标号，有利于点云快速存储并提高点云滤波、插值的效率。

（2）建立拟合曲面。假设地形表面是一个复杂的空间曲面，该曲面的局部面元可用二次曲面来逼近：

$$f(X_i, Y_i) = a_0 + a_1 X_i + a_2 Y_i + a_3 X_i^2 + a_4 Y_i^2 + a_5 X_i Y_i \qquad (4.8)$$

真实地面点的拟合曲面反映了地面起伏程度。将每个格网的邻域窗口最低点作为该格网的真实地面点，利用所有格网的最低点来拟合曲面；计算该格网中点的拟合高程值与真实高程值的差值，通过高差阈值区分地面点和非地面点。拟合曲面的关键是格网邻域大小的自动设置以及拟合曲面参数$(a_0, a_1, a_2, a_3, a_4, a_5)$的求解，具体如下：

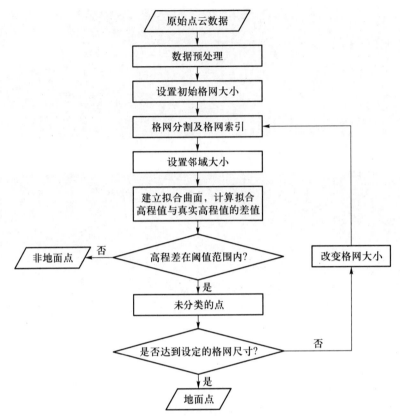

图 4.4　移动曲面滤波算法流程图

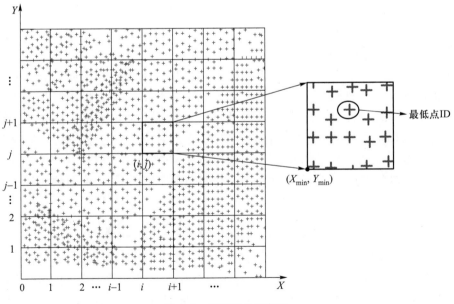

图 4.5　格网划分示意图

①格网邻域大小的设置。用于拟合地形表面的二次曲面共有 6 个参数,为了保证最低点数目大于 6 且该格网在中间位置,一般设置格网邻域大小为 3×3 或 5×5 等。利用格网 (i,j) 的 3×3 邻域即 9 个格网中的最低点拟合一个曲面,并用此曲面判断格网 (i,j) 中的地面点。

邻域大小的选择可以根据地形坡度设置。通常选取两个坡度阈值(5°、10°),首先计算每个格网对于 3×3 邻域格网的平均坡度正切值($Slope_{ave}$),如式(4.9)所示。如果存在格网的平均坡度正切值超过0.176$[\tan(10°)]$,则邻域大小设置为 3×3。如果存在格网的平均坡度正切值超过 0.087$[\tan(5°)]$,则设置格网大小为 5×5;否则,设置为 7×7。

$$Slope_{ave} = \frac{1}{8}\sum_{k=-1}^{1}\sum_{t=-1}^{1}\frac{Z_{min}(i,j) - Z_{min}(i+k,j+t)}{\sqrt{(X_{min}(i,j) - X_{min}(i+k,j+t))^2 + (Y_{min}(i,j) - Y_{min}(i+k,j+t))^2}}$$

(4.9)

其中,$Z_{min}(i,j)$ 是第 i 行第 j 列格网的最低点高程值。

②曲面参数的求解。邻域窗口的方法增加了求解参数的点数,即方程个数大于待求解参数个数,利用广义逆矩阵及最小二乘法即可求解曲面方程的 6 个参数。

(3)高差阈值的确定。在改变格网尺寸和设置不同窗口邻域时设置不同的高差阈值。根据 Bartels 和 Wei(2010)提出的点云分布假设:大量离散的地面点云在自然状态下呈正态分布,而非地面点则影响了正态分布的状态。相对于地面点,非地面点可被看作误差点,其标准偏差大于 3σ,由此确定总体数据的高差阈值。然而每个格网包含的地物特征不同,不能直接对整块数据选取同样的阈值。考虑到地面点和非地面点具有分层现象,可以采用谱系聚类思想对拟合高程差值进行分类。根据不同的分类数来确定高差阈值,但是有些格网中的地面点与非地面点分层现象不明显,本方法将两种方法进行综合。具体步骤如下:

①总体高差阈值的确定。假设数据有 N 个点,分别计算每个点与其对应拟合曲面方程的拟合高程差值,并将 N 个拟合高差数据从小到大顺序排列,设 $x_1 < x_2 < \cdots < x_N$,计算相邻数据间高程差 $l_{i(1 \leqslant i \leqslant N-1)}$ 和其期望值 μ 及标准方差 σ,设定总体高差阈值为 $\mu + 3\sigma$。

②每个格网高差阈值的确定。以其中一个格网为例,假设该格网有 n 个点,按照与总体高差阈值相同的步骤计算出相邻两个数据间高程差,并按照从大到小顺序排列成 $l_1 \geqslant l_2 \geqslant l_3 \geqslant \cdots \geqslant l_{n-1}$。利用 l_1 将格网中的全部数据 A 分为 A_1 和 A_2 两类,两类的直径(同一类中最大数据和最小数据的差)分别为 Q_1 和 Q_2,两类的中心(同一类中最大数据与最小数据的算术平均数)分别为 O_1 和 O_2,若这些参数满足下面其中一个条件,则分为两类;否则,不分类。

a. $l_1 \geqslant \max\{Q_1, Q_2\}$,即类间距离相对较大,$A_1$ 和 A_2 为不同的类别;

b. $l_1 < \max\{Q_1, Q_2\}$,$l_1 > \min\{Q_1, Q_2\}$,且 $(O_1+O_2)/2 \in A_1$ 或 A_2,即两类中心的算术平均值落于其中一类中,说明这一类数据集中于两类中心的算术平均值附近,而另一类则相反,两类数据特征相异。

高差阈值的取值与分类数相关,规定如下,设 A 中相邻两个数据间距离最大的两个值为 l_1 和 l_2,且 $l_1 \geqslant l_2$:

a. 当 A 不分类时,数据间的分层现象不明显,高差阈值设为总体高差阈值。

b. 当 A 分成两类,且两类的最大直径为 Q^*,当 $Q^* \leqslant l_1 \leqslant 2Q^*$ 时,高差阈值取值为 l_2 处的拟合高差值;其他情况下,高差阈值取值为 l_1 处的拟合高差值。

该方法根据每个格网本身的实际情况,在多级滤波的情况下自动设置每个格网的高差阈值,最大限度地避免了以往手动设置同一高差阈值而产生的过度滤波或不完全滤波问题。

3) 渐进加密三角网点云滤波

渐进加密三角网点云滤波(progressive TIN densification,PTD)的基本思想是将整个地形表面细分为一个联结的三角面网络,通过搜索符合地面特征的脚点构建三角面来剔除非地面点,是一个迭代加密的过程(张小红和刘经南,2004)。主要包括三个步骤:①对点云数据构建格网索引(格网尺寸一般取决于数据中最大建筑物尺寸),选取每个格网中的最低点构建初始三角网,即粗略地面模型;②依次搜索落在三角面中的点,当该点与所在三角面的高差 d 和地形角 α_1、α_2、α_3(参数如图 4.6 所示)满足阈值条件时,加入该三角形并构成新的三角网;③迭代加密,直到所有激光点都被区分为地面点或非地面点,或者达到迭代次数上限、三角面边长下限等预先设置的限制条件。

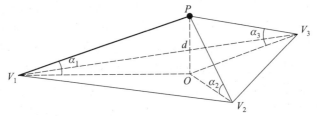

图 4.6　渐进加密三角网点云滤波算法参数示意图

V_1、V_2、V_3 为三角面的三个顶点,P 为空间点,O 为点 P 在三角面上的投影点

PTD 算法虽然具有较好的地形适应性,但在地形起伏较大且植被覆盖较密集的复杂地区(如山区的输电通道)仍存在一些需要优化之处,例如最终滤波的效果依赖于初始地面点选取的准确性、加密顺序对于滤波精度的影响等。

下面介绍一种改进的渐进三角网加密滤波算法(刘洋等,2020):在初始不规则三角网构建阶段增加了地面种子点选取的约束条件,以扩展局部最小值法提取的最低点作为待定种子点;将常用于二维变形检测的薄板样条(thin plate spline,TPS)插值法扩展至三维,实现三维地形的高精度拟合插值,并通过判断插值高程和真实高程的差值来确定地面种子点;在三角网加密过程中采用高程排序优化点云加密过程。改进的 PTD 滤波算法流程如图 4.7 所示,主要步骤如下。

(1)提取待定种子点。用规则的虚拟格网对离散点云进行均匀划分,得到包含点云和不包含点云的两类格网。针对包含点云的格网,采用扩展局部极小值法逐格网选择种子点而非直接将最低点作为种子点,以避免在待定种子点集中引入过多的噪声点或非地面点。扩展局部极小值法的原理为:选择格网内的高程最小值点和次小值点,判断两点的高程差是否小于设定的距离阈值,如果大于阈值,则将高程次小值点作为高程最小值点,再次选择高程次小值点与最小值点进行判断,直到高程差小于阈值,则当前的高程最小值点作为待定地面种子点。针对不包含点云的格网,采用最邻近法选择距离最近的待定地面种子点的高程值作为该格网的高程,避免点云数据缺失对后续确定的最终种子点产生影响。

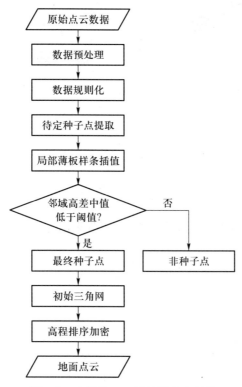

图 4.7　改进的 PTD 滤波算法流程图

（2）确定最终种子点。上一步骤选择的待定地面种子点接近真实地面点,但仍有少量非典型点(噪声或地物)错误地加入了点集,因此需要从待定种子点集中剔除此类点以确定最终种子点(图 4.8)。

通常采用对局部地形模拟效果较好的薄板样条(TPS)函数确定最终种子点(Chen *et al.*, 2013),利用最小曲率面拟合控制点,并逼近控制点所在局部区域的面元,具体如下:

假设局部地形的表面可由函数 $z=f(x,y)$ 近似表示,TPS 的估计可用式(4.10)表示:

$$f(x,y) = a_1 + a_2x + a_3y + \sum_{i=1}^{n} w_iu(r_i) \tag{4.10}$$

其中,a_1,a_2 和 a_3 是趋势函数 $a_1+a_2x+a_3y$ 的系数,n 是计算 TPS 函数的控制点个数,w_i 是权值,r_i 是待插值点与第 i 个控制点的距离。$u(r)$ 是径向基函数:

$$u(r) = r^2\ln r^2 \tag{4.11}$$

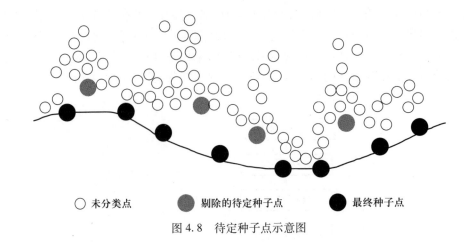

○ 未分类点　　● 剔除的待定种子点　　● 最终种子点

图 4.8　待定种子点示意图

权值系数与控制点坐标存在如式(4.12)的约束关系:

$$\sum_{i=1}^{n} w_i = \sum_{i=1}^{n} w_i x_i = \sum_{i=1}^{n} w_i y_i = 0 \qquad (4.12)$$

基于上述公式,可联合形成线性方程组,用矩阵表示为

$$\begin{pmatrix} \boldsymbol{K} & \boldsymbol{P} \\ \boldsymbol{P}^{\mathrm{T}} & \boldsymbol{O} \end{pmatrix} \begin{pmatrix} \boldsymbol{w} \\ \boldsymbol{a} \end{pmatrix} = \begin{pmatrix} \boldsymbol{z} \\ 0 \end{pmatrix} \qquad (4.13)$$

其中,

$$\boldsymbol{K} = \begin{pmatrix} s_{11} & \cdots & s_{1n} \\ \vdots & \ddots & \vdots \\ s_{n1} & \cdots & s_{nn} \end{pmatrix}, \boldsymbol{P} = \begin{pmatrix} 1 & x_1 & y_1 \\ \vdots & \vdots & \vdots \\ 1 & x_n & y_n \end{pmatrix}, \boldsymbol{w} = \begin{pmatrix} w_1 \\ \vdots \\ w_n \end{pmatrix}, \boldsymbol{z} = \begin{pmatrix} z_1 \\ \vdots \\ z_n \end{pmatrix}, \boldsymbol{a} = \begin{pmatrix} a_1 \\ a_2 \\ a_3 \end{pmatrix}$$

其中,s_{ij} 是第 i 个控制点和第 j 个控制点之间的距离,z_i 是第 i 个控制点的高程值。根据式(4.13),使用 LU 矩阵分解法求解得到薄板样条函数的全部系数。

利用 TPS 确定最终种子点的具体步骤如下:

①局部 TPS 插值。采用 TPS 计算格网内待定地面种子点的拟合高程。用于拟合地形表面的控制点越多,TPS 函数系数求解的时间复杂度越高,因此采用局部 TPS 方法,搜索待定种子点邻域范围 10 个最近点(经多次实验分析,数量设置为 10 时可兼顾搜索效率和插值精度)作为控制点来求解系数。控制点搜索方法为:采用基于 KD-Tree 的最邻近查找算法,使用待定种子点所在格网的全部点云构建 KD-Tree,快速查找种子点的邻近点。将待定种子点的平面坐标代入已求解全部系数的式(4.10)中,得到该种子点的拟合高程 z。

②提取最终点集。选取以待定种子点所在格网为中心的 3×3 邻域的 9 个格网(图4.9)。针对不包括点云的格网,以格网高程作为拟合高程;针对包含点云的格网,基于局部 TPS 插值计算该格网内待定种子点的拟合高程。按照约束准则进一步筛选最终种子点:已知中心格网待定种子点的真实高程值为 z_0,首先计算真实高程与拟合高程 z 的差值,分别得到 Δh_0、Δh_1、$\cdots$、Δh_8,然后计算 Δh_i 的绝对值 $|\Delta h_i|$,得到其中值 $|\Delta h_i|_{\mathrm{mid}}$;如果

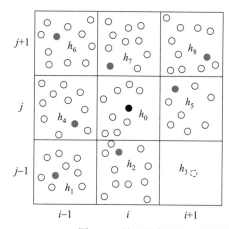

○　未分类点
●　中心格网种子点
●　有点格网种子点
◌　无点格网虚拟种子点
h_i　种子点或格网的拟合高程

图 4.9　基于局部 TPS 的地面种子点选取方法

$|\Delta h_i|_{mid}$ 和 z_0 的差值小于设定阈值,则将中心格网的待定种子点选为最终地面种子点;否则,剔除。逐格网遍历待定种子点集即可确定最终的地面点集。

③基于高程排序的加密优化。加密顺序是 PTD 算法中常被忽略的部分。如果不进行加密排序会造成滤波结果存在真实地面点的错分、漏分,还会在有一定坡度的区域出现地形缺失的现象。由于 PTD 算法迭代加密过程时间复杂度较高,因此采用按高程进行排序的加密优化方法,优先加密已确定地面种子点附近的点云。例如,利用贵州某山区一段输电通道机载 LiDAR 点云数据,包括植被、杆塔、电力线、建筑物等地物,长度约 300 m,点云数量为 2366928(图 4.10)。实验需设置的参数包括格网划分尺寸、角度阈值和距离阈值。格网尺寸用于对数据进行规则格网划分,格网过大会导致地形拟合精度低,过小会导致计算效率低;角度阈值和距离阈值是加密三角网的参数。经多次实验,设置格网尺寸 10 m,角度阈值为 6°,距离阈值为 1 m。PTD 算法和改进的 PTD 算法的滤波结果分别如图 4.10b、c 所示。可以看出,PTD 算法和改进的 PTD 算法均可以有效地分离地面点和非地面点,如植被、杆塔、电力线等明显地物基本被滤除。与 PTD 算法相比,改进的 PTD 算法能够在植被密集和坡度较大的区域保留更多的地面点云(图 4.10c 矩形框内)。

4)其他点云滤波方法

除了以上三种经典滤波方法外,国内外学者还提出了一些其他滤波方法。例如,Zhang 等(2016)提出了布料模拟滤波(cloth simulation filter,CSF),构建了一种"弹簧-质点"模型,通过质点本身的重力和质点间的内力作用迭代模拟每一个地形"质点"的上下移动物理过程,以到达最终位置,从而确定地面点。布料模拟滤波算法具有参数设置少、自适应性强和城区滤波效果较好的优点,但在陡坡区域存在将地面点误分为非地面点的可能性。丁少鹏等(2019)提出了基于虚拟格网与改进坡度的点云滤波方法,有效避免了点内插或平滑造成的精度损失,但坡度阈值难以根据地形确定。此外,还有一些基于多次回波信息的滤波方法和各类机器学习滤波方法,如条件随机场(conditional random field,

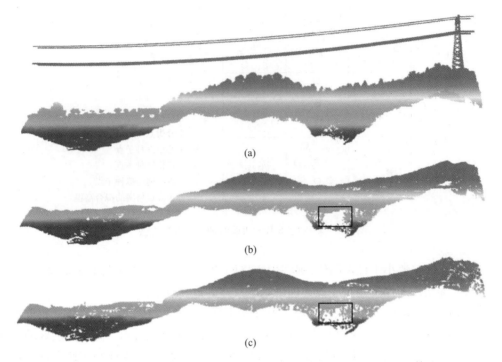

图 4.10　PTD 滤波示例：(a)原始数据；(b)PTD 算法；(c)改进的 PTD 算法

CRF)(Bassier *et al.*，2017)等。

国内外学者一直致力于探索更优的点云滤波算法，总体来说，对滤波算法的改进主要围绕三个方面：①提高算法的自动化程度。目前滤波算法分离地面和非地面点云的精度不足，且后续需要大量人工编辑。②提高算法智能化水平。多数滤波算法涉及复杂的参数设置，需要充分的先验知识才能达到较好的滤波效果。③提高算法效率。滤波算法的效率和精度往往无法同时满足，多数情况下存在循环迭代和大量邻域计算，导致算法时间复杂度高，难以满足追求时效性的实际生产需求。

4.1.3　点云分类

本节点云分类指对场景中所有激光点云逐一赋予语义标签。点云分类是点云数据后续应用的基础性工作，已有的点云分类算法可分为基于语义规则和基于机器学习两类。

1）基于语义规则的点云分类

根据各类地物的空间分布特点设定一系列规则，如高程阈值、线性约束、空间位置关系约束等，实现场景地物的逐一要素提取，主要包括基于模型拟合的和基于聚类的点云分类算法。

（1）基于模型拟合的点云分类算法。

模型拟合算法可有效分割出符合模型几何形态的点云，如直线、平面、圆柱等。该方法利用原始几何形态的数学模型作为先验知识对点云进行分割，将具有相同数学表达式的点云归入同一几何形态区域，这些能够被拟合的点即为可构建模型的点，如电力线（王平华等，2017）、建筑物屋顶（Suveg and Vosselman，2002）等。该方法以数学原理为基础，主要有霍夫变换（Duda and Hart，1972）和随机采样一致（RANSAC）（Fischler and Bolles，1981）方法。

霍夫变换利用点与线之间的对偶关系，将平面图像中的一条直线表达为参数空间的一个点，扩展参数空间到三维，可实现从三维点云中检测平面。霍夫变换使用三元组 $\{\theta,\varphi,\rho\}$ 定义一个平面，其中 θ、φ、ρ 分别表示经过坐标轴原点的平面法向量的三个参数。统计样本点在三维空间的位置，找到包含点最多的三元组，即可确定最佳平面参数。

RANSAC 算法的基本思想是通过从点云中随机选择一组点，拟合出一个预定义的模型（直线、平面和球面等），并用该模型去测试其他点。若有足够多的点适用于该模型，则认为该模型比较合理；否则，对该模型重新估计，并计算其精度。多次迭代上述过程，最终选择精度最高的模型作为该点云集的最佳模型。

本节以 RANSAC 直线拟合算法为例进行介绍，其数学模型为

$$y = ax + b \tag{4.14}$$

具体过程如下：①将点云数据投影至二维平面（$XOY/XOZ/YOZ$ 平面），从中随机选择两个点作为局内点并利用其投影后的平面坐标 (x_i, y_i) 建立直线模型 $y = a_{\text{iteration}}x + b_{\text{iteration}}$（iteration = 0, 1, $\cdots$, k），k 为计算最优模型需要迭代的次数阈值；②用步骤①中所得的直线模型测试其他所有点云，计算点到该直线模型的距离；若满足阈值要求，则将此点视为同一条直线上的点；③如果直线上的点个数超过阈值 n_0，则该直线模型足够合理；④采用最小二乘拟合算法评估该直线模型，具体通过该模型上的点云数量和精度来评估模型的合理性；⑤重复迭代①~④步骤 k 次，将满足精度条件且直线上点数最多的模型作为最优模型。

基于模型拟合的算法具有较强的鲁棒性，而且可提取符合规定几何形态的点云。然而，这类方法容易获得数学上正确但并非真实地物的点云，且效率较低。

（2）基于聚类的点云分类算法。

基于聚类的点云分类算法通过分析点云局部特征，将具有相同特征的点划分至同质区域来实现，一般将类间距离阈值或者预定的类别数目作为迭代终止条件。目前，常用的聚类方法有谱聚类（Ng et al.，2002）、K-Means 聚类（Hartigan and Wong，1979）、DBSCAN（density-based spatial clustering of applications with noise）聚类（Ester et al.，1996）和均值漂移（mean shift）聚类（Comaniciu and Meer，2002）等，这些算法的优缺点如表 4.1 所示。

表 4.1   四种聚类算法的优缺点

	谱聚类	K-Means 聚类	DBSCAN 聚类	均值漂移聚类
测度	相似度	欧氏距离	密度	密度/欧氏距离
聚类数目	启发式	预定义	自动	自动
优点	对噪声不敏感;能高效处理高维数据	简单,快速;对于大数据集,保持可伸缩性和高效率	聚类速度快且能有效处理噪声点;聚类簇的形状没有偏倚	可自动决定类别数目;对噪声不敏感
缺点	对相似矩阵敏感	对噪声和孤立点敏感;对初值敏感;必须给出聚类数目	对于高维数据内存消耗大;对参数敏感	对于高维数据内存消耗大

本节以 DBSCAN 算法为例进行详细介绍。该算法基于点云密度特征对不同类别样本进行聚类,将邻域点数大于阈值的中心点作为核心并不断向外扩张,主要受两个参数影响:邻域半径(eps)和核心点包含的最小点数(min_pts)。若某一核心点在另一个核心点的邻域内,则称两个核心点直接密度可达;若两核心点通过多个核心点直接密度可达相连,那么也称它们密度可达。某一核心点与所有由它可达的点(包括核心点和非核心点)形成一个聚类簇。如图 4.11 所示,圆圈表示邻域,设定最小点数为 4,点 A 和其他灰色点的邻域内点数大于 4,因此均为核心点。图中所有核心点相互密度可达,形成一个聚类簇。点 B 和点 C 为非核心点,但它们可由点 A 经其他核心点可达,因此与点 A 属于同一个聚类簇。点 N 是局外点,它既不是核心点,也不能由其他点可达。

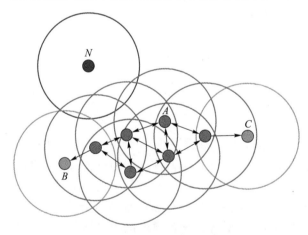

图 4.11   DBSCAN 算法示意图

DBSCAN 算法的具体过程为:随机选取一个未处理的点 P_i,若该点属于核心点,即邻域点数大于最小点数,则寻找所有与该点 P_i 密度可达的点,这些点构成一个点簇并标记为同一类别;若该点不属于核心点,则重新选取下一个核心点;循环上述步骤直到所有点都被处理。DBSCAN 对参数的设置十分敏感,不同的参数设置会带来不一样的分类结果。图 4.12 显示了 DBSCAN 算法分割建筑物点云的结果。算法伪代码如表 4.2 所示。

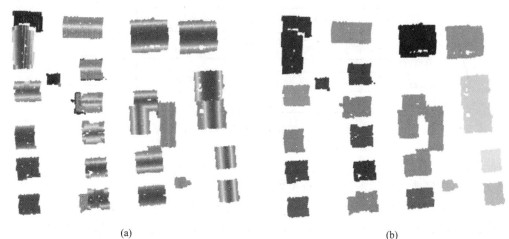

(a)　　　　　　　　　　　　　　　　　(b)

图 4.12　DBSCAN 算法结果示意图:(a)原始点云(按高程渲染);(b)聚类结果(参见书末彩插)

表 4.2　DBSCAN 算法伪代码

输入:点云数据 P,搜索邻域半径 eps,邻域内最小点数 min_pts;
输出:聚类点 Class

```
导入点云数据 P;
for (P 中的每一个点 Pᵢ)
 搜索 Pᵢ 半径 eps 内的所有点;
  if(半径 eps 内点数≥min_pts)
    将所有点标记为一类,并建立新类 Classᵢ;
      for (Pᵢ 邻域内所有的点)
        if (半径 eps 内点数≥min_pts)
          将搜索到的点归入类 Classᵢ;
        endif;
      endfor;
    else
      将该点标记为离群点;
    endif;
endfor;
```

2)基于机器学习的点云分类

　　根据特征提取方式的不同,基于机器学习的点云分类算法可分为基于经典机器学习和基于深度学习。前者需要针对场景中的目标地物自定义特征并进行特征提取,然后使用支持向量机(support vector machines,SVM)(Cortes and Vapnik,1995)、随机森林(random forest,RF)(Breiman,2001)、贝叶斯等分类器实现分类,技术流程如图 4.13 所示。基于深度学习的点云分类算法则不需要人工定义特征,而是直接将原始点云输入深

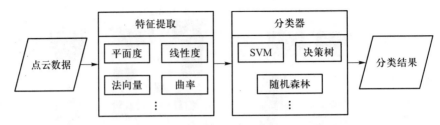

图 4.13　基于经典机器学习算法的点云分类流程

度神经网络中,自动进行特征提取并构建分类模型,以此实现点云分类。

（1）基于经典机器学习的点云分类算法。

该方法根据目标地物特点设计并提取特征,构建多维特征向量;将特征向量输入至分类器进行训练,构建点云分类模型;提取测试数据特征并输入点云分类模型,最终完成对测试数据的分类。具体步骤如下:

①特征提取。点云特征设计与提取是点云分类基础,直接关系到最终的分类精度。鉴于各类地物的激光穿透率、表面粗糙度、物理尺寸、体积等表面特性差异较大,可以根据点云空间分布特点和表面特性差异进行相应点云特征的设计。按照计算特征所用的基元类型,可分为基于点基元的特征和基于对象基元的特征提取方法。前者可以最大限度地保留单点的原始特征,但需要逐点计算,耗时较长。另外,由于地物空间分布及表面形态的复杂性,基于点基元的特征对地物形状变化比较敏感,而基于对象基元的特征提取方法能克服对点云空间分布的敏感性,但依赖于对象基元的质量,且在预处理阶段的时间较长。

在基于点基元的特征提取方法中通常会涉及邻域这一概念。单点邻域是指以一个点为中心点、搜索与它邻近周围点的集合。邻域尺寸及类型的选择会对点云特征计算及分类结果产生不同的影响。邻域类型有圆柱邻域、球形邻域等(图 4.14)。基于给定的激光点和搜索半径 r 构建一个圆柱体,称为当前激光点的圆柱邻域,包含在该圆柱体内的所有点称为该点的圆柱邻域点。当构建球体时,包含在该半径为 r 的球体内的点称为球形邻域点。常用的基于点基元提取的点云特征主要有基于特征值、密度、高度的特征(表 4.3)。

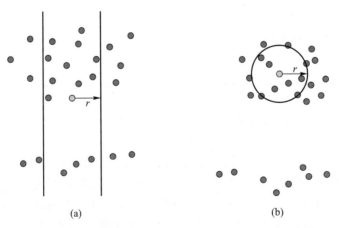

(a)　　　　　　　　　(b)

图 4.14　点云特征的邻域定义:(a)圆柱邻域;(b)球形邻域

表 4.3 点云特征描述

类别	英文名称(简称)	特征计算公式	解释
特征值	Sum(SU)	$\lambda_1+\lambda_2+\lambda_3$	特征值之和
	Omnivarance(OM)	$(\lambda_1 \cdot \lambda_2 \cdot \lambda_3)^{1/3}$	全方差
	Eigenentropy(EI)	$-\sum\limits_{i=3}^{3}\lambda_i \cdot \ln(\lambda_i)$	特征熵
	Anisotropy(AN)	$(\lambda_1-\lambda_3)/\lambda_1$	各向异性
	Planarity(PL)	$(\lambda_2-\lambda_3)/\lambda_1$	平面度
	Linearity(LI)	$(\lambda_1-\lambda_2)/\lambda_1$	线性度
	Surface Variation(SUV)	$\lambda_3/(\lambda_1+\lambda_2+\lambda_3)$	表面粗糙度
	Sphericity(SP)	λ_3/λ_1	球形度
密度	Point Density(PD)	$\dfrac{3}{4}\cdot\dfrac{N_{3D}}{\pi r^3}$	球形邻域的点密度
	Density Ratio(DR)	$DR_{3D/2D}=\dfrac{N_{3D}}{N_{2D}}\cdot\dfrac{3}{4r}$	密度比率,球体的点密度与其投影至水平面的圆柱邻域内点云密度的比值。N_{3D} 为球体内点数目,N_{2D} 为圆柱邻域内的点数目
高度	Vertical Range(VR)	$Z_{max}-Z_{min}$	圆柱邻域最高点 Z_{max} 和最低点 Z_{min} 的高差
	HeightAbove(HA)	$Z-Z_{min}$	当前点 Z 与最低点 Z_{min} 高差
	HeightBelow(HB)	$Z_{max}-Z$	最高点 Z_{max} 与当前点 Z 高差
	Sphere Variance(SPV)	$\sqrt{\dfrac{\sum\limits_{i=1}^{n}(z_i-z_{ave})^2}{n-1}}$	球形邻域内高差的标准差;z_{ave} 为邻域高程平均值
	Cylinder Variance(CV)	$\sqrt{\dfrac{\sum\limits_{i=1}^{n}(z_i-z_{ave})^2}{n-1}}$	圆柱邻域内高差的标准差

点云的特征值和特征向量可以为分类提供重要的决策信息。基于邻域点计算中心点的协方差矩阵,从而求得该点的特征值 $\lambda_1,\lambda_2,\lambda_3$(其中 $\lambda_1\geq\lambda_2\geq\lambda_3$)。特征值之间的不同关系可以反映当前点的所属结构:当 $\lambda_1\approx\lambda_2\approx\lambda_3$ 时,该中心点为离散点;当 $\lambda_1,\lambda_2\gg\lambda_3$ 时,该点具有平面特性;当 $\lambda_1\gg\lambda_2,\lambda_3$ 时,该点位于线性结构中。建筑物屋顶面的点云呈现平面分布,平面度特征较为显著,即 $\lambda_1,\lambda_2\gg\lambda_3$;电力线以及建筑物边缘为明显的线性结构,点的线性度特征为高值,即 $\lambda_1\gg\lambda_2,\lambda_3$;植被点在各方向的分布不存在倾向性,即 $\lambda_1\approx\lambda_2\approx\lambda_3$。

点云密度特征反映点云的空间分布状况,单位面积内的激光点数量与激光束照射的表面特性有关,例如,具有多次回波地物(如植被)的点云密度通常大于不可穿透的地物(如建筑物)。基于高度的特征可用于区分具有不同高程的地物,以输电通道为例,导线、杆塔、乔木等物体的垂直域特征具有高值;对于高程变化小的地物,如具有规则线性结构的电力线以及具有平面结构的建筑物,圆柱体邻域内高差的标准差为低值。

②分类器分类。将提取的特征向量输入分类器,即可进行分类模型的构建。下面介绍较为常用的随机森林分类算法,它是集成学习的一种,也是一种组合分类器(Breiman,2001)。其基本单元是决策树,且决策树之间相互独立。每棵决策树基于训练样本子集和随机选取的特征子集训练而成,多棵决策树组成了随机森林。当输入一个新的样本数据,每棵树做出分类决策得到各自的分类结果;随机森林对这些投票结果进行集成,投票次数最多的类别作为最终的判定类别输出。随机森林详细算法见表 4.4。

表 4.4　随机森林算法流程

遍历 J 棵决策树,对于决策树 j 而言:

①利用有放回抽样(bootstrap sample)方法,随机且有放回地从训练集 D 中抽取 N 个样本,作为该棵树的训练集。

②使用二元递归分类建立决策树:

a.从根节点开始训练;

b.为每个未分裂节点递归地重复进行以下步骤,直到满足停止条件:

(i)随机从 p 个特征中选取 m 个特征子集,且满足 $m \ll p$;

(ii)在 m 个特征的所有二元分裂中找到最优的分裂,将该特征记为分类效果最好的特征;

(iii)使用(ii)中的特征,将该节点分裂为两个叶子节点。

③向训练得到的随机森林模型输入新的样本数据 x,统计所有决策树预测值 $\hat{h}_j(x)$ 等于类别 y 的次数,并将投票最多的类别 $\hat{f}(x)$ 确定为最终归属类别[式(4.15)]。式(4.16)表示样本属于类别 y 的示性函数。

$$\hat{f}(x) = \arg \max_y \sum_{j=1}^{J} I(\hat{h}_j(x) = y) \tag{4.15}$$

$$I(\hat{h}_j(x) = y) = \begin{cases} 1, & \hat{h}_j(x) = y \\ 0, & \hat{h}_j(x) \neq y \end{cases} \tag{4.16}$$

基于机器学习的方法能根据输入特征自动寻找合适阈值并进行分类,自动化程度较高且耗时短,但算法精度与特征的有效性密切相关。目前的主要特征都为人工设计,依赖于先验知识。

(2)基于深度学习的点云分类算法。

深度学习算法可从数据中自动学习特征,不再依赖于人工设计(LeCun et al.,2015),广泛应用于图像处理领域。然而,传统的深度学习模型要求输入数据具有规则的结构(如图像可被视为一个由像素组成的规则矩阵),而点云具有非结构化、无序、离散等特点,无法直接使用传统的深度学习模型。近年来,很多学者不断深化深度学习技术并应用于点云场景分类(图4.15),提出了多种点云规则化方法,即把离散点云转换为规则的输入格式,如网格、三维体素等。基于体素的算法(如 VoxNet)复杂度极高且模型训练需要花费大量时间;投影至 2D 图像的算法(如 MVCNN)虽然降低了网络复杂度,但损失了点云三维信息。此外,还有算法无须进行点云规则化即可直接输入原始点云,如 PointNet 算法,解决了点云无序化问题,保留了高精度三维信息,但其只考虑全局特征。在 PointNet 基础上优化的 PointNet++顾及了相邻点的局部特征,分类效果更好。

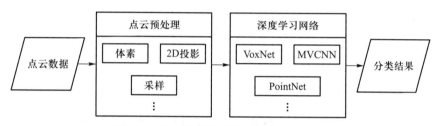

图 4.15　基于深度学习算法的点云分类流程

基于 PointNet++的点云分类模型由分层点集特征学习和点特征传播两部分组成,其主要思想为:输入原始点云,通过分层点集特征学习提取不同分辨率的特征,再经过点特征传播获取所有原始点的特征,最后通过分类器得到每个点属于各个类别的得分,具体步骤如下:

①分层点集特征学习。分层点集特征学习由多个集合抽象模块(set abstraction)组成,其作用是将输入点云分成多个局部点云并提取每个局部点云的全局特征。多个集合抽象模块的组合使特征不断抽象,从而获取更高维的特征。集合抽象模块包括三个基本单元:

- 采样层(sampling):该层使用迭代最远点采样算法(farthest point sampling,FPS)(Kamousi et al.,2016)完成局部区域质心集的构建。先随机选取一个点作为初始点,然后将距离该点最远的点加入质心集,并作为起点继续迭代,直到选取的质心个数满足给定个数 N'。

- 分组层(grouping):根据质心点集将点云数据分成多个局部点云。输入数据的尺寸为 $N\times(d+C)$,其中 N 为输入的点云数目,d 为激光点的坐标维数(通常为3),C 为其他属性维度,如强度、回波等。以采样层选取的质心点为圆心并根据预先设定的搜索半径 r,获取球形邻域内所有点,输出得到 N' 个局部点云,其大小为 $k\times d$,k 为每个局部区域点云数目。

- PointNet 层:该层学习每个局部区域点云的全局特征,即抽象区域点云的整体性特征。输入数据是分组层获取的多组局部区域点云,其尺寸是 $N'\times k\times d$。每组局部点云都将通过一个 PointNet 模型学习得到一组 $\boldsymbol{C'}$ 维特征向量,因此该层最终输出数据的尺寸为 $N'\times(d+\boldsymbol{C'})$。

②点特征传播。分层点集特征学习是对点云进行下采样,保留每个点云抽象模块中的质心点。而场景分类问题需要给原始点赋予对应的类别标签,因此需要将点云恢复成原始数据。当分层特征的尺寸为 $N_l \times (d + C')$ 时,采用反距离加权法插值出该层采样前 N_{l-1} 个点的分层特征。另外,为了减少采样和插值过程中的细节损失,将当前插值得到的特征与点集抽象层的特征进行融合,得到尺寸为 $N_{l-1} \times (C_{l-1} + C')$ 的数据。由于该数据的特征维数过高且部分特征之间的相关性会影响训练效率和模型鲁棒性,因此需要将这些数据经过一个单元 PointNet(unit PointNet)处理以降低特征维度,减少运算量并增加网络的非线性程度,提高模型的泛化能力。插值和单元 PointNet 处理需要重复操作直到输出点数为原始点数目。

图 4.16 展示了 PointNet++算法和随机森林算法对输电通道场景点云分类的结果,其中 PointNet++算法分类精度为 87.14%,随机森林算法分类精度为 75.99%。随机森林算法只在植被点云提取上表现优于 PointNet++方法,对建筑物的分类效果不理想,无法保留建筑物的完整性,在杆塔的分类上也出现了较多漏分和错分,无法有效分离杆塔点、植被点和电力线点。

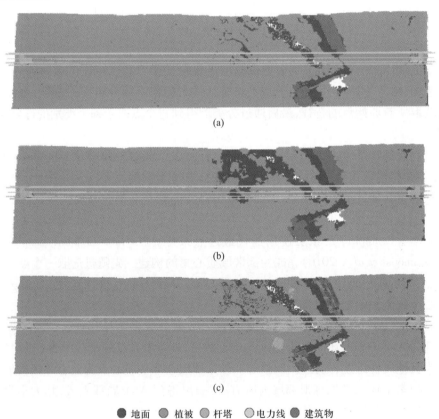

(a)

(b)

(c)

● 地面　● 植被　● 杆塔　○ 电力线　● 建筑物

图 4.16　不同分类算法的输电通道点云分类结果:(a)真值(手工分类);(b)PointNet++分类;(c)随机森林分类(参见书末彩插)

4.2　波形数据处理

全波形 LiDAR 数据处理的目的在于从原始波形中分离出目标地物的回波信号,进而提取地物的空间结构信息。波形去噪、波形分解、波形特征参数提取是全波形数据处理流程中的三个关键步骤。

4.2.1　波形去噪

波形数据采集过程通常会受外部环境(太阳、大气等)和内部系统等多种因素影响,导致收集的信号中存在噪声。去噪是全波形数据处理的一个重要步骤,其目的是为后续的波形分解和特征参数提取提供高质量波形。目前,常用的波形去噪算法主要有四种:均值滤波、高斯滤波、经验模态分解软阈值(empirical mode decomposition-soft,EMD-soft)滤波和小波滤波。

1) 均值滤波

均值滤波的基本思想是对滤波窗口(即邻域)的信号求均值并代替原来的信号:

$$g(t) = \frac{1}{N} \sum_{i=t-N/2}^{t+N/2} f(t) \tag{4.17}$$

其中,N 为窗口大小(一般为奇数),t 为当前采样点,$f(t)$ 为原始信号值,$g(t)$ 为滤波后信号值。图 4.17b 为当窗口大小为 9($N=9$)时的均值滤波结果。

均值滤波算法能够去除一定的高斯白噪声,但由于均值滤波对窗口内各个信号点赋予相同的权值,导致波形过度平滑而丢失有效信号。

2) 高斯滤波

数据采集过程中的各种噪声基本都是正态分布的高斯白噪声,并且绝大部分是高频噪声,因此选择高斯滤波算法对原始波形进行去噪更符合实际情况。其基本思想是将高斯核函数与原始信号进行卷积运算,达到对原始波形去噪的目的。设一维高斯函数为:

$$g(t,\sigma) = \frac{1}{\sqrt{2\pi}\sigma} \exp\left(-\frac{t^2}{2\sigma^2}\right) \tag{4.18}$$

则其一阶导数 $g^{(1)}(t,\sigma)$ 为高斯滤波器,即

$$g^{(1)}(t,\sigma) = \frac{-t}{\sqrt{2\pi}\sigma^3} \exp\left(-\frac{t^2}{2\sigma^2}\right) \tag{4.19}$$

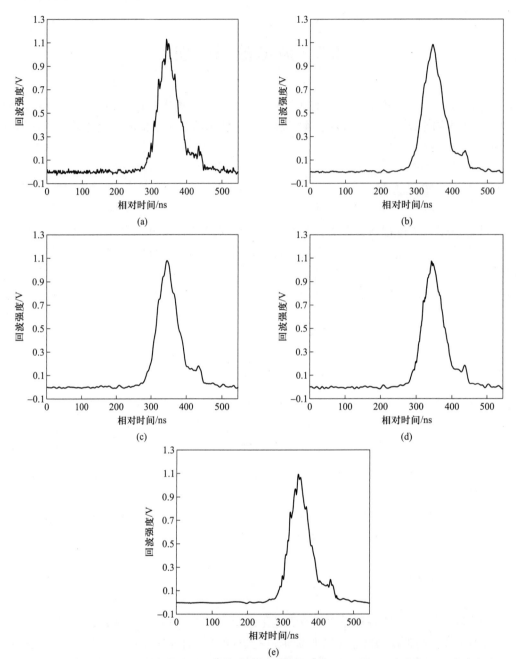

图 4.17　波形滤波:(a)原始波形;(b)均值滤波;(c)高斯滤波;(d)EMD-soft 滤波;(e)小波滤波

原始信号 $f(t)$ 与高斯滤波器 $g^{(1)}(t,\sigma)$ 进行卷积运算后的结果 $s(t,\sigma)$ 即为去噪后的信号:

$$s(t,\sigma)=f(t)*g^{(1)}(t,\sigma) \tag{4.20}$$

其中,$*$ 为卷积运算符,σ 为滤波器的标准差。通过改变高斯标准差 σ 的大小可以调整滤波信号的平滑程度。图 4.17c 为 $\sigma=3$ 时的高斯滤波结果。

3）EMD-soft 滤波

EMD 是一种自适应的信号分解方法,其本质是一个将原始信号从高频至低频依次分解的过程(Huang et al. , 1998)。EMD 算法假设信号是由若干有限的本征模态函数(intrinsic mode function, IMF)组成,通过从原始信号提取一系列不同频率(从高到低)的 IMF 分量,再对每一个 IMF 分量进行处理或筛选。每个 IMF 必须满足两个条件:①函数在整个时间范围内,局部极值点和过零点的数目必须相等或最多相差一个;②在任意时刻点,局部最大值包络(上包络线)和局部最小值包络(下包络线)的均值必须为零。IMF 分量与原始信号的关系可表示为

$$X(t) = \sum_{j=1}^{n} \mathrm{IMF}_j(t) + r_n(t) \tag{4.21}$$

其中,$X(t)$ 表示原始回波信号,$\mathrm{IMF}_j(t)$ 表示经 EMD 分解后的第 j 个本征模态函数,$r_n(t)$ 表示分解之后的剩余项,也是信号的单调趋势项。通过反复从原始信号中减去上下包络的均值,直到残量满足 IMF 分量的两个条件,从而得到 IMF 分量,然后对被减去的部分重复上述步骤获取更多的 IMF,直到最终剩余的单调趋势项,即完成整个 EMD 过程。

EMD 滤波算法的核心思想是将 EMD 分解得到的高频 IMF 分量作为背景噪声剔除。但是直接去除高频 IMF 可能导致有效信号的丢失,因此通常选择 EMD-soft 滤波(Boudraa et al. , 2013)。EMD-soft 滤波是在 EMD 过程结束之后,从被舍去的 p 个高频 IMF 中按软阈值方式提取有用信息 $s_j(t)$,其中阈值的计算如式(4. 22)~式(4. 25)所示,再将有用信息 $s_j(t)$ 与剩余 IMF 分量和单调趋势项相加,得到最终滤波后的信号[式(4. 26)],整个过程算法如下:

$$\mathrm{MAD}_j = \mathrm{Median} | \mathrm{IMF}_j(t) - \mathrm{Median}[\mathrm{IMF}_j(t)] | \tag{4.22}$$

$$\sigma_j = \mathrm{MAD}_j / 0.6745 \tag{4.23}$$

$$\tau_j = \sigma_j \sqrt{2\log L} \tag{4.24}$$

$$s_j(t) = \begin{cases} \mathrm{IMF}_j(t) - \tau_j, \mathrm{IMF}_j(t) \geq \tau_j \\ 0, | \mathrm{IMF}_j(t) | < \tau_j \\ \mathrm{IMF}_j(t) + \tau_j, \mathrm{IMF}_j(t) \leq -\tau_j \end{cases} \tag{4.25}$$

$$F(t) = \sum_{j=1}^{n} s_j(t) + \sum_{j=p+1}^{n} \mathrm{IMF}_j(t) + r_n(t) \tag{4.26}$$

其中,$p \leq j$,σ_j 为对 $\mathrm{IMF}_j(t)$ 的噪声估计,L 为 $\mathrm{IMF}_j(t)$ 的数组长度,$F(t)$ 为经过 EMD-soft 滤波处理后的回波波形。图 4. 17d 显示了对含有较多高频噪声的前两个 IMF 分量进行软阈值波形去噪的效果图。

4）小波滤波

小波滤波是对含有噪声的原始信号进行多尺度小波变换,然后处理各尺度下的高频

小波系数,尽可能提取信号的小波系数从而去除属于噪声的小波系数,最后根据处理后的小波系数经逆变换重构信号,从而达到去噪目的。该方法既能保留有效频谱成分,又抑制了高频噪声,并且能够克服波形重叠现象,保持波形的主要信息。下面介绍一种小波软阈值去噪方法,具体步骤如下:

(1)一维信号小波分解。激光雷达回波信号可看作离散采样的一维信号 $f(t)$, $t = 1$, $2, \cdots, n$,其中 n 为信号长度。根据 Mallat 快速算法获取小波系数[式(4.27)]。

$$\begin{cases} C_k^{j-1} = \sum_N a_{N-2k} C_N^j \\ d_k^{j-1} = \sum_N b_{N-2k} C_N^j \end{cases} \quad k = 1, 2, \cdots, N \quad (4.27)$$

其中, C_k^{j-1} 是尺度系数, d_k^{j-1} 是小波系数, $\{a_{N-2k}\}$ 和 $\{b_{N-2k}\}$ 是分解序列, N 是采样点数, j 表示分解层数。本例选择与高斯函数近似的 sym6 小波对原始信号进行小波变换,将小波分解层数 j 设为 5,得到相应的小波系数 $W_{j,k}$ 。小波系数表示小波与原始信号之间的相似程度,系数越大,表明小波和原始信号相似性越大;反之,则越小。

(2)高频系数阈值化处理。对式(4.27)采用小波分解得到的低频系数进行保留,确保信号整体形状保持不变,对高频系数进行阈值量化。设定阈值 $\lambda = \sigma\sqrt{2\log n}$,其中, σ 为噪声标准差, n 为信号长度。当小波系数 $W_{j,k}$ 小于阈值 λ 时,认为此时的小波系数由噪声引起,则令 $W_{j,k} = 0$;当小波系数 $W_{j,k}$ 大于或等于阈值 λ 时,认为此时小波系数是由信号引起的,将这一部分的小波系数按软阈值方法进行阈值化处理,软阈值函数为

$$W_{j,k} = \begin{cases} \text{sgn}(W_{j,k})(|W_{j,k}| - \lambda), & |W_{j,k}| \geq \lambda \\ 0, & |W_{j,k}| < \lambda \end{cases} \quad (4.28)$$

(3)一维信号小波重构。重构算法实质上是分解算法的逆过程,根据小波分解的第 j 层低频系数和经过修改的第一层到第 j 层高频系数来进行一维信号的小波重构:

$$C_k^j = \sum_{k=1}^N p_{N-2k} C_k^{j-2} + q_{N-2k} C_k^{j-1} \quad (4.29)$$

其中, $\{p_{N-2k}\}$ 和 $\{q_{N-2k}\}$ 是重构序列; N 是采样点数; j 表示分解层数。在实际应用中,需要根据具体情况来选择合适的小波滤波阈值。如果有效信号带宽较宽,分布在低频到高频的范围内,使用小波变换在抑制高频噪声时很有可能将有效信号抑制。图 4.17e 为小波软阈值去噪的结果,可以看出,小波滤波较好地保留了波形细节,减少了有效信号的丢失。

4.2.2　波形分解

波形分解是将原始回波信号分解为多个高斯波的过程(Hofton *et al.*, 2000),高斯函数的数学表达式如下:

$$f_i(t) = A_i e^{-\frac{(t-\mu_i)^2}{2\sigma_i^2}} \quad (4.30)$$

其中,A_i、μ_i、σ_i 分别为高斯函数 $f_i(t)$ 的振幅、中心位置、标准差。

激光雷达波形可以用混合高斯模型来表示,每个高斯波均是激光脉冲与目标地物相互作用的结果,因此其波形可以表示为

$$P(t) = \varepsilon + \sum_{i=1}^{N} f_i(t) \tag{4.31}$$

其中,$P(t)$ 为 t 时刻波形的振幅,N 为波形中高斯分布的个数,$f_i(t)$ 为第 i 个高斯分布,ε 为平均背景噪声。

波形分解输入为去噪后的波形,输出为分解得到的高斯函数,中间主要经过初始参数估计和波形非线性拟合两个步骤,具体介绍如下。

1) 初始参数估计

初始参数估计主要有两种方法:拐点法和小波变换法。

(1) 拐点法。拐点法是估算高斯分解初始参数的经典算法,通过求解波形数据的一阶及二阶导数并令其为 0 来确定波形的初始波峰位置与拐点,用式(4.32)表示为

$$f_i(t) = \varepsilon + A_i e^{\frac{-(t-\mu_i)^2}{2\sigma_i^2}} \tag{4.32}$$

其一阶偏导数和二阶偏导数分别为

$$\frac{\partial f_i(t)}{\partial t} = -A_i \frac{-(t-\mu_i)^2}{2\sigma_i^2} e^{\frac{-(t-\mu_i)^2}{2\sigma_i^2}} = -f_i(t) \frac{(t-\mu_i)^2}{\sigma_i^2} \tag{4.33}$$

$$\frac{\partial^2 f_i(t)}{\partial t^2} = f_i(t) \left(\frac{(t-\mu_i)^2}{\sigma_i^4} - \frac{1}{\sigma_i^2} \right) \tag{4.34}$$

令 $\partial^2 f_i(t)/\partial t^2 = 0$,则 $(t-\mu_i)^2/\sigma_i^4 = 1/\sigma_i^2$,于是:

$$\sigma_i = |t-\mu_i| \tag{4.35}$$

因此,单一高斯函数有两个拐点,分别为 $t=\mu_i+\sigma_i$ 与 $t=\mu_i-\sigma_i$,如果有 n 个高斯分布,则有 $2n$ 个拐点。求取波形曲线的拐点后,由奇偶相邻的两个拐点就可得到高斯分布的中心位置、半宽、振幅。随后,对提取的每个高斯组分的初始参数进行判断,步骤如下:

以上提取到的拐点中,大部分仍然是背景噪声的随机起伏产生的,并不是有效信号,因此要剔除无用的拐点。设最小高斯振幅 $A_{\min}$ 为

$$A_{\min} = \varepsilon + k \cdot \sigma_{\text{noise}} \tag{4.36}$$

其中,ε 为波形数据的噪声水平,σ_{noise} 为噪声的标准差估计;k 根据经验来定,一般为 3。将振幅小于 $A_{\min}$ 的高斯峰剔除,只保留比 $A_{\min}$ 大的峰。同时,将相邻波峰间隔小于发射脉冲宽度的高斯波峰进行合并,具体步骤为:对高斯波按面积进行排序,将面积小于或等于最大波峰面积 5% 的高斯波剔除;将最小面积的波峰合并到距离最近的波峰中,直到高斯波峰的数目少于或等于设定的高斯分布个数阈值(通常设置为 6)。波峰合并的常用方法

是按照面积权重合并：

$$
\begin{cases}
\text{Area}_{new} = \text{Area}_1 + \text{Area}_2 \\
A_{new} = \max(A_1, A_2) \\
\sigma_{new} = w_{t_1} * \sigma_1 + w_{t_2} * \sigma_2 \\
t_{new} = w_{t_1} * t_1 + w_{t_2} * t_2 \\
w_{t_1} = \text{Area}_1 / \text{Area}_2 \\
w_{t_2} = 1 - w_{t_1}
\end{cases}
\tag{4.37}
$$

其中，w_{t_1} 与 w_{t_2} 为面积权重；A_{new} 是合并后高斯波峰的振幅；σ_{new} 是合并后高斯波峰的标准差；t_{new} 为合并后高斯波峰的位置。

拐点法的缺点是在分解叠加波和弱波信号时效果较差。具体而言，叠加波是由几个高度相近的地物形成的合成信号，用常规的拐点法很容易将其错误分解为一个地物目标。弱波是光斑中较小地物目标形成的微弱信号，拐点法难以将其与噪声分离，导致目标组分缺失。

（2）小波变换法。小波变换是一种窗口大小固定、形状可变的时频局部化信号分析方法，可看作原始信号与小波函数的卷积。连续小波变换可表示为

$$
W_{P(a,b)} = \int_{-\infty}^{\infty} P(t) \psi_{a,b}(t) \, dt
\tag{4.38}
$$

$$
\psi_{a,b}(t) = \frac{1}{\sqrt{a}} \psi\left(\frac{t-b}{a}\right)
\tag{4.39}
$$

其中，$\psi(t)$ 称为基本小波或母小波，$\psi_{a,b}(t)$ 为小波函数，a、b 分别为尺度因子和位置因子。$W_{P(a,b)}$ 为波形 $P(t)$ 在尺度 a 下的高频逼近，也可称为小波系数，反映小波函数在尺度 a 下位置 b 处与原始波形数据的相似性，小波系数越大，相似性越高。

由于波形数据为离散信号，可以采用与高斯函数相似的离散小波来进行小波变换，将原信号分解为低分辨率的逼近信号和高分辨率的细节信号，利用多尺度分析从低频逼近系数重构波形中获取波形初始参数信息（振幅、展宽、中心位置等）。图 4.18 是不同尺度的小波应用于波形数据的结果，可以看出，小尺度小波变换能够得到两个波峰，且能够正确地重构出叠加波形；而大尺度小波变换不能正确地分解叠加波形，会丢失很多细节信息。

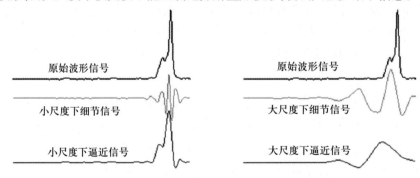

图 4.18   不同尺度的小波变换应用于波形数据的结果

相比拐点法,多尺度小波变换可有效分离叠加波与识别弱波,但由于小波变换对信号变换比较敏感,常出现"误检测"和"过检测"现象。因此,在弱信号的检测过程中,为避免将噪声信号误检测为弱信号,需要在预处理过程中进行去噪。在提取目标组分过程中,通过设定一系列限制条件对检测到的组分进行筛选,如组分必须在有效信号范围内、组分展宽必须大于发射波形展宽。在地面信号的检测中,为避免过检测而出现伪组分(实际不存在的目标),也应在小波变换提取目标组分过程中提出约束条件来滤除伪组分。图4.19a为激光波形初始参数估计的结果。

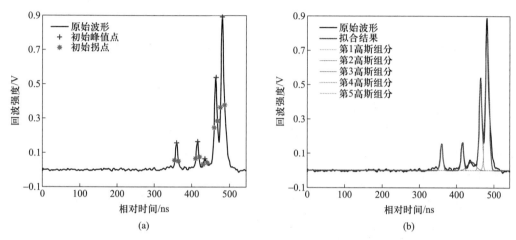

图4.19 波形分解:(a)初始参数估计;(b)非线性拟合(参见书末彩插)

2)波形非线性拟合

通过小波变换得到初始估算参数后,为进一步提高混合高斯模型拟合精度,需进一步对其进行优化。目前,常用于波形分解的非线性拟合算法有 Levenberg-Marquardt(LM)方法、Expectation Maximization(EM)方法、最小二乘法等。其中,LM 方法是 Levenberg 提出的介于逆向海森方法与梯度下降方法的一种非线性拟合方法(Marquardt,1963),也是最常用的波形拟合算法,它吸收了梯度下降法和 Gauss-Newton 法的优点,又具有类似于神经网络的特点,具体过程如下:

设要拟合的模型为

$$y = y(x;a) \tag{4.40}$$

其中,$a = a_1, a_2, \cdots, a_m$,$m$ 为参数个数;y 和 x 是长度为 N 的变量。模型通过最小化 χ^2 值,可获取一组最佳拟合参数:

$$\chi^2(a) = \sum_{i=1}^{N} \left[\frac{y_i - y(x_i;a)}{\sigma_i} \right] \tag{4.41}$$

迭代规则可用式(4.42)表示为

$$x_{i+1} = x_i - (H + \lambda I)^{-1} \nabla \chi^2(a_i) \qquad (4.42)$$

其中，I 为单位矩阵，λ 为阻尼因子，$H = \nabla^2 \chi^2(a_i)$ 为海森矩阵，$\nabla \chi^2(a_i)$ 是 χ^2 对参数向量 a_i 偏微分的 Jacobi 矩阵。其中，λ 受到估计误差 χ^2 的影响，在每次迭代中不断更新。为了解决经典的"误差谷"(error valley)问题，LM 算法将迭代规则中的单位矩阵用海森矩阵 H 的对角矩阵代替[式(4.43)]，这样只用估值得到的函数值与梯度来计算 $\nabla \chi^2(a_i)$ 与 H。

$$x_{i+1} = x_i - (H + \lambda \operatorname{diag}[H])^{-1} \nabla \chi^2(a_i) \qquad (4.43)$$

可以看出，当 χ^2 减小时，λ 相应减小，当 $\lambda \to 0$ 时，上式近似为二阶局部收敛的 Gauss-Newton 法，即当 χ^2 接近最小值时，转换到 Gauss-Newton 法；当 χ^2 增加时，λ 也增加，当 $\lambda \to \infty$ 时，上式近似于线性全局收敛的梯度下降法。

假定已知拟合参数 a 的初始估计，则 LM 方法的具体算法如下：①计算 χ^2。②给 λ 选一个适合的值，如 $\lambda = 0.001$。③解算以上方程进行参数估计并计算 χ^2。④如果 $\chi^2(a_{i+1}) \geqslant \chi^2(a_i)$，则以适当因子倍数(如 10)增大 λ，返回步骤③继续，直到结果 a_{i+1} 接近于 a_i。⑤如果 $\chi^2(a_{i+1}) < \chi^2(a_i)$，则以适当因子倍数(如 10)减小 λ，直到结果 a_{i+1} 接近于 a_i；否则，返回步骤③。

在波形分解中，应将得到高斯分量参数的初始估计值代入 LM 方法中，通过最小化 χ^2 值对混合高斯函数进行拟合，得到最佳拟合参数。为了提高精度，拟合过程中可结合实际给定一系列约束条件，如高斯分量的振幅大于最小高斯振幅、拟合的高斯分量展宽不小于系统发射脉宽、相邻波峰之间的最小距离为 1.5 m 等。同时，为了使拟合结果满足精度要求，可将各个高斯分量按重要程度由高至低逐一加入，直到拟合结果满足精度要求。图 4.19b 为激光波形经高斯拟合的结果，其中蓝线为原始波形，红线为拟合高斯波。

4.2.3　波形特征参数提取

波形特征参数是从波形垂直分布中计算得到的反映信号垂直分布特征的度量参数，其提取过程为：基于波形分解结果，确定光斑内各地物所对应的波形组分并提取相关的波形特征参数，可进一步用于估算地表特征。目前，常用的波形特征参数包括波形分位数高度、波形高度指数和波形能量指数。

1) 波形分位数高度

计算波形分位数高度首先要计算信号开始和地面波峰位置之间的有效信号总能量，然后从地表位置开始累积回波信号的能量，计算某一位置累积能量与有效信号总能量的比值，并确定该位置的高度，该位置和地表之间的距离即为波形分位数高度，其中地表的位置根据波形分解得到的最后一个波峰确定。Sun 等(2008)将累积能量达到有效信号总能量 25% 时的位置距离地表的高度记为 H_{25}，表示 25% 的分位数高度。分位数高度 H_{25}，H_{50}，H_{75}，H_{100} 如图 4.20 所示。H_{100} 就是信号开始位置和最后一个高斯波峰之间的高度，通常用于估计光斑内树木的最大高度。H_{50} 也称为半波能量高度（height of median energy，HOME），该参数对冠层垂直分布及冠层郁闭度敏感，可作为生物量反演的重要参数（Drake et al.，2002）。

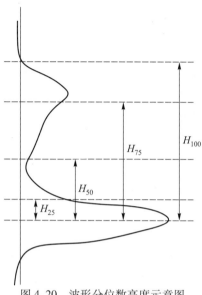

图 4.20　波形分位数高度示意图

2）波形高度指数

波形高度指数包括波形全高、波形长度、波峰长度、波形前缘长度和波形后缘长度等。

（1）波形全高。波形数据的所有帧并不全部是有效信号，信号开始部分由来自系统噪声、云雾等信号叠加组成，并不包含有效地物的回波。进行波形分析前需要确定有效信号的范围，即波形全高（Harding and Carabajal，2005），如图 4.21 中 w_{Echo} 所示。

实际计算中，从波形的第一帧数据开始往后，当第一次出现某帧电压值超过特定阈值（如背景噪声均值加上 N 倍噪声标准差），即认为有效信号的开始位置（p_{Beg}）。从最后一帧数据开始往前，首次遇到的某帧电压值超过特定阈值（如背景噪声均值加上 N 倍噪声标准差）即为有效信号结束位置（p_{End}）。波形全高 w_{Echo} 由式（4.44）计算：

$$w_{Echo} = p_{End} - p_{Beg} \tag{4.44}$$

（2）波形长度。波形长度（waveform distance）为信号开始位置到最后一个高斯波峰之间的距离长度（Sun et al.，2008）（图 4.29）。波形长度（d_{Echo}）可表征冠层高度，其计算公式为

$$d_{Echo} = Peak_G - p_{Beg} \tag{4.45}$$

其中，$Peak_G$ 为最后一个高斯波峰的位置，p_{Beg} 为信号开始位置。

（3）波峰长度。波峰长度（peak distance）为波形分解之后的第一个与最后一个高斯波峰

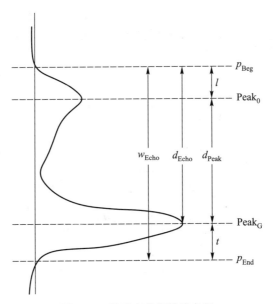

图 4.21 波形高度指数示意图

之间的距离（Wang *et al.* , 2012）。如图 4.21 中 d_{Peak} 所示，表征波形中从第一个有效波峰峰值位置到最后一个有效波峰峰值位置之间的距离，一般与植被高度存在很强的相关性。

波峰长度的计算公式为

$$d_{Peak} = Peak_G - Peak_0 \tag{4.46}$$

其中，$Peak_G$ 为最后一个高斯波峰的位置，$Peak_0$ 为第一个高斯波峰的位置。

（4）波形前缘长度。波形前缘长度（leading edge extent, l）为波形分解之后的第一个高斯波峰 $Peak_0$ 与有效信号起始点 p_{Beg} 间的距离（Lefsky *et al.* , 2007），如图 4.21 中 l 所示。计算公式为

$$l = Peak_0 - p_{Beg} \tag{4.47}$$

其中，$Peak_0$ 为高斯分解后的第一个高斯波峰位置，p_{Beg} 为有效信号起始位置。该特征参数能够反映植被冠层和地形复杂起伏对回波信号的综合影响。

（5）波形后缘长度。波形后缘长度（trailing edge extent, t）为波形分解之后的地面高斯波峰 $Peak_G$ 与有效信号结束点 p_{End} 间的距离（Lefsky *et al.* , 2007），如图 4.21 中 t 所示。计算公式为

$$t = p_{End} - Peak_G \tag{4.48}$$

其中，$Peak_G$ 为高斯分解后的最后一个高斯波峰位置，p_{End} 为有效信号结束位置。该特征参数能够反映地形坡度和粗糙度对回波信号的影响。

3）波形能量指数

回波总能量（e_{Echo}）表示回波从信号开始位置到信号结束位置的面积（图 4.22）。回

波相对能量(r_{Echo})表征地表反射率,用接收的回波能量与发射能量的比值来表示。地面回波能量(e_{Ground})表示地面回波能量累积值,冠层回波能量(e_{Canopy})为回波能量中去除地面能量的部分(图4.22)。

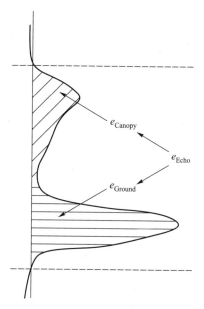

图 4.22　波形能量指数示意图

地表回波能量比例(r_{Ground})是地面回波能量和冠层回波能量的比值[式(4.49)](Drake *et al.*, 2002),冠层回波能量比例(r_{Canopy})表示冠层回波能量占回波总能量的比例[式(4.50)],这些指标一定程度上反映了光斑内的冠层郁闭度,可用于理解 LiDAR 波形特征和冠层参数之间的相关关系(Harding and Carabajal, 2005)。

$$r_{Ground} = \frac{e_{Ground}}{e_{Canopy}} \qquad\qquad (4.49)$$

$$r_{Canopy} = \frac{e_{Canopy}}{e_{Echo}} \qquad\qquad (4.50)$$

4.3　光子数据处理

光子计数 LiDAR 系统的发射和接收信号均为弱信号,受噪声(太阳背景噪声、系统噪声、大气散射噪声)影响极大。图4.23显示了不同地表覆盖(森林、冰川、湖泊)ICESat-2/ATLAS 数据空间分布,可以看出,光子噪声的空间分布随机而广泛,给数据处理与应用带来了巨大挑战。光子去噪和光子分类是光子计数 LiDAR 数据处理的两个关键步骤,在冰川、海冰和湖泊等区域,通过光子去噪算法获取的信号点即为地面信号光子;但在植被覆盖的森林区域,需对去噪后的光子点进一步分类,以区分地面和地物信号。

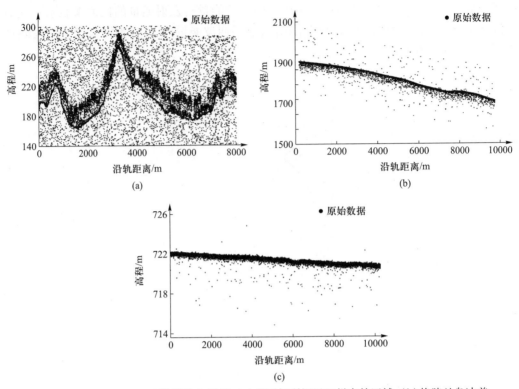

图 4.23 ICESat-2/ATLAS 数据分布示例：(a) 美国加利福尼亚州森林区域；(b) 格陵兰岛冰盖；(c) 青藏高原湖泊

4.3.1 光子去噪

本节介绍一种比较典型的光子点云去噪框架 (Zhu *et al.*, 2020)：首先通过构建高程统计直方图去除明显的噪声光子；然后利用 OPTICS (Ordering Points to Identify the Clustering Structure) 算法计算每个点的光子密度，利用信号光子点分布密集而噪声光子点分布稀疏的特点实现精去噪；最后基于光子点高程分布特征去除残留噪声光子。技术流程如图 4.24 所示。

1) 基于高程统计直方图的粗去噪

粗去噪是粗略去除噪声并确定有用光子信号的大概高程范围。光子噪声分布在整个垂直剖面范围内 (图 4.25a)，为了初步确定光子信号的高程范围并减少数据量，可以采用基于高程统计直方图的粗去噪方法。首先对原始光子点云进行格网划分，沿轨方向基于一定窗口大小建立高程统计直方图，然后获取每个直方图的峰值位置，并将其作为光子信号的中心位置；在中心位置附近设定高程阈值 (取决于研究区地物最大高度)，建立光子信号的缓冲区以去除大部分噪声点，粗去噪结果如图 4.25b 所示。

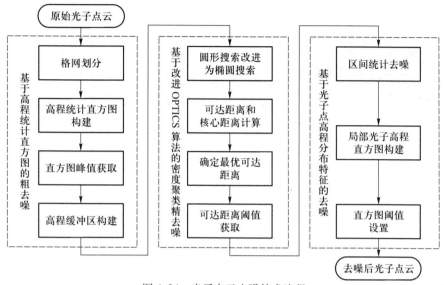

图 4.24 光子点云去噪技术流程

2）基于改进 OPTICS 算法的密度聚类精去噪

基于高程统计直方图的粗去噪方法可去除大部分光子噪声,但是仍残留了较多光子噪声点,需要对其进行精去噪,本节介绍一种基于改进 OPTICS 算法的密度聚类精去噪方法(Zhu *et al.*, 2018)。

OPTICS 聚类算法(Ankerst *et al.*, 1999)是将空间中的数据按照密度分布进行聚类,其思想与 DBSCAN 算法(Ester *et al.*, 1996)非常类似,不同的是,OPTICS 并不显示生成数据聚类,只是对数据集合中的对象进行排序,得到一个有序的对象列表,通过该有序列表可以获得任意密度的聚类。因此该算法对输入参数邻域半径(ε)不敏感,只要确定邻域最小点数(MinPts)的值即可。基于改进 OPTICS 的密度聚类精去噪算法步骤如下:

(1)鉴于剖面光子点在水平和垂直方向上存在明显差异,通过圆形搜索区域无法有效区分信号光子与噪声光子,可将 OPTICS 算法中的圆形搜索区域改进为椭圆搜索区域,光子点 $q(x_q, z_q)$ 和 $o(x_o, z_o)$ 的距离 dist 计算公式为

$$\mathrm{dist}(q,o) = \sqrt{\frac{(x_q - x_o)^2}{a^2} + \frac{(z_q - z_o)^2}{b^2}} \tag{4.51}$$

其中,x, z 分别为光子的沿轨距离和高程值,a, b 分别为椭圆搜索区域长半轴和短半轴值。

(2)根据改进 OPTICS 算法的输入参数 ε 和 MinPts,计算每个光子点的核心距离 CD [式(4.52)]和可达距离 RD [式(4.53)]。图 4.26 展示了中心点 o 的核心距离和可达距离。

$$\mathrm{CD}_{\varepsilon,\mathrm{MinPts}}(o) = \begin{cases} \mathrm{undefined}, & N_\varepsilon(o) < \mathrm{MinPts} \\ \varepsilon', & N_\varepsilon(o) \geqslant \mathrm{MinPts} \end{cases} \tag{4.52}$$

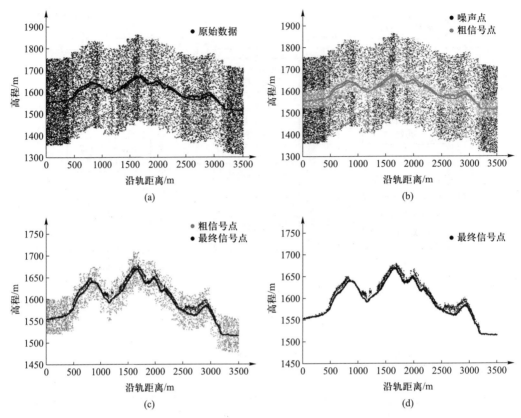

图 4.25 光子点云去噪:(a)原始数据;(b)粗去噪结果;(c)精去噪结果;(d)最终信号光子点

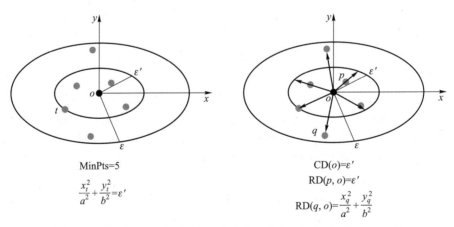

图 4.26 利用椭圆搜索区域获取中心点 o 对应的核心距离和可达距离

$$\mathrm{RD}_{\varepsilon,\mathrm{MinPts}}(o) = \begin{cases} \mathrm{undefined}, & N_\varepsilon(o) < \mathrm{MinPts} \\ \max(\mathrm{CD}_{\varepsilon,\mathrm{MinPts}}(o), \mathrm{dist}(q,o)), & N_\varepsilon(o) \geqslant \mathrm{MinPts} \end{cases} \tag{4.53}$$

其中,ε 表示邻域半径,MinPts 表示 ε 邻域最小光子数,$N_\varepsilon(o)$ 表示中心点 o 在 ε 邻域的光子数。

(3) 考虑到部分光子对应多个可达距离,将每个光子的最小可达距离设置为最优可达距离。

（4）根据噪声光子分布稀疏而信号光子分布密集的特点,将所有光子点的最优可达距离排序,利用最大类间方差法[式(4.54)]获取每个窗口对应的最优可达距离阈值。将可达距离大于阈值的光子点标记为噪声点;否则,记为信号点。

$$
\begin{cases}
w_0(t) = \dfrac{t}{N} \\[2mm]
w_1(t) = \dfrac{N-t}{N} \\[2mm]
\mu_0(t) = \dfrac{\displaystyle\sum_{i=1}^{t} \mathrm{RD}(i)}{t} \\[4mm]
\mu_1(t) = \dfrac{\displaystyle\sum_{i=t+1}^{N} \mathrm{RD}(i)}{N-t} \\[4mm]
\mu(t) = w_0(t) \times \mu_0(t) + w_1(t) \times \mu_1(t) \\[2mm]
\sigma^2(t) = w_0(t) \times (\mu_0(t) - \mu(t))^2 + w_1(t) \times (\mu_1(t) - \mu(t))^2
\end{cases}
\tag{4.54}
$$

其中,N 是每个窗口中的光子数目,t 是可达距离排序后光子的编号,$w_0(t)$ 是前 t 个光子占所有光子数量的权重,$w_1(t)$ 是剩余 $N-t$ 个光子占所有光子数量的权重,$\mu_0(t)$ 是前 t 个光子可达距离均值,$\mu_1(t)$ 是剩余 $N-t$ 个光子可达距离均值,$\mu(t)$ 是整体光子可达距离均值,$\sigma^2(t)$ 是光子可达距离方差。

图 4.25c 为基于改进 OPTICS 算法的精去噪结果,可以看出,该算法可以有效区分噪声和信号光子点云。

3）基于光子点高程分布特征的去噪

经过上述步骤可以去除大部分噪声,但在地面以下、空中、近冠层表面和近地面仍会残留部分噪声,可以结合高程分布特征进行去除,即一定大小窗口内的光子点云高程符合正态分布,利用区间估计的方法,通过设置置信区间剔除近冠层顶部和近地面的光子噪声,最终提取的信息光子点如图 4.25d 所示。

4.3.2　光子分类

通过光子去噪可以提取信号光子点,但是在森林区域为了提取冠层高度等参数,还需将信号光子点分为地面光子点和冠层光子点。本节介绍一种基于移动曲线拟合的光子点云分类方法(Zhu et al. , 2020),逐步将去噪后的光子点分为地面光子点、冠层表面光子点、冠层光子点和残留噪声光子点,技术路线如图 4.27 所示。

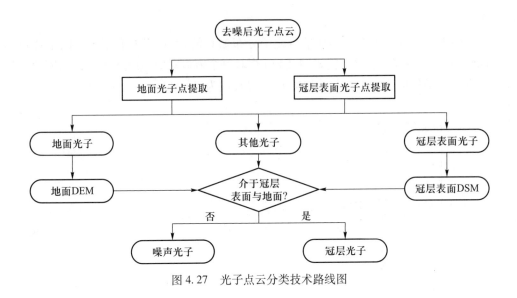

图 4.27　光子点云分类技术路线图

1）地面光子点提取

为了提高在复杂地形和植被密集覆盖条件下地面光子点提取的精度,通过初始地面光子点提取、伪地面光子点去除、地面光子点加密和地面光子点拟合四个步骤来提取地面光子点,具体技术流程见图 4.28。

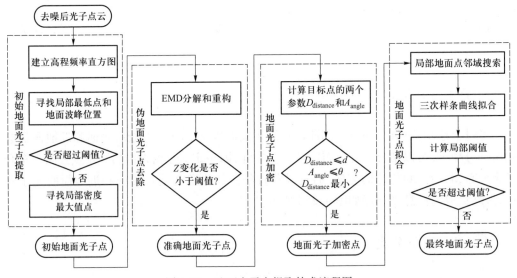

图 4.28　地面光子点提取技术流程图

（1）初始地面光子点提取。为了减弱近地面光子噪声对地面光子点提取的影响,基于移动窗口内的光子点建立高程频率直方图,并确定高程最低的波峰所在位置;比较高程最低波峰所在位置与最低点高程,若两者的高程差小于一定阈值(可根据地形设置自适应阈值),则将该波峰定为地面波峰,在地面波峰一定高程范围内选择密度最大的点作为初始地面光子点。图 4.29a 显示了初始地面光子点提取结果,可以看出,初始地面点中仍包含植被冠层点和近地面点等"伪地面点"。

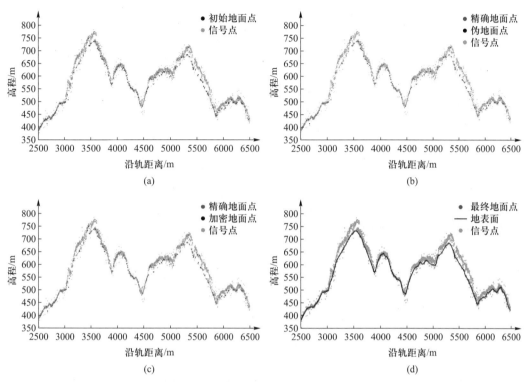

图 4.29 地面光子点提取:(a)初始地面光子点提取;(b)精确地面光子点提取;(c)精确地面点加密;(d)地面拟合结果

(2)伪地面光子点去除。在初始地面光子提取过程中,可能会将近地面光子、植被冠层光子和噪声光子误分为初始地面光子,可以进一步利用 EMD 方法去除伪地面点(Kopsinis and McLaughlin,2009)。首先将初始地面光子作为原始信号,利用 EMD 方法将该信号分解为若干个不同频率的本征模态分量与残余分量[式(4.55)];然后通过最大类间方差法确定式(4.57)中 k 值进而将本征模态分量分为低阶本征模态分量(高频噪声)与高阶本征模态分量(低频信号),并对低阶本征模态分量进行阈值处理[式(4.56)];最后利用高阶和处理后的低阶本征模态分量进行信号重构[式(4.57)],并通过比较原始信号与重构信号的高程值去除伪地面点。最终地面点提取效果见图 4.29b。

$$z(x) = \sum_{i=1}^{n} \mathrm{IMF}_i(x) + r_n(x) \tag{4.55}$$

$$
\begin{cases}
\text{IMF}'_i(j) = \begin{cases} \text{IMF}_i(j) & \text{IMF}_i(j) \geqslant \text{th}_i \\ 0 & \text{IMF}_i(j) < \text{th}_i \end{cases} \\
\text{th}_i = \sigma_i \sqrt{2\ln N} = \dfrac{\text{median}(\text{abs}(\text{IMF}_i))}{0.6745} * \sqrt{2\ln N}
\end{cases}
\tag{4.56}
$$

$$
z'(x) = \sum_{i=1}^{k} \text{IMF}'_i(x) + \sum_{i=k+1}^{n} \text{IMF}_i(x) + r_n(x)
\tag{4.57}
$$

其中,$\text{IMF}_i(x)$ 为本征模态分量,$\text{IMF}'_i(j)$ 是阈值处理后的低价本征模态分量,$r_n(x)$ 为残余分量,$z(x)$ 是原始信号数据,$z'(x)$ 是重构后信号数据;th_i 是本征模态分量阈值,n 是本征模态分量数目,N 是原始信号点的数目。

（3）地面光子点加密。采用基于三角形加密方法增加地面光子点数量,以提高在复杂地形与植被密集覆盖下的光子点云分类精度。具体地,通过计算目标分类点(即待分类点)的两个参数,即目标分类点到对应地面路段的距离 D_{distance}、目标分类点和最邻近地面点组成的线段与地面路段的夹角 A_{angle}(图 4.30),实现地面光子点加密。如果目标分类点满足 D_{distance} 不大于距离阈值 d,A_{angle} 不大于角度阈值 θ,且 D_{distance} 最小,则该目标分类点被标记为地面光子点。地面点加密效果见图 4.29c。

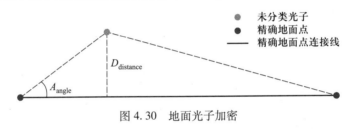

图 4.30   地面光子加密

（4）地面光子点拟合。为获取完整的地面光子点并生成地面,利用三次样条曲线对地面光子进行拟合。对每个地面光子点进行邻近搜索,联合与其沿轨距离最近的有限数量的地面光子点,利用局部三次样条曲线拟合地面光子点,并基于最小二乘算法求解三次样条曲线系数,设置一定的高差阈值实现地面光子点与非地面光子点的分离。最终的地面拟合结果见图 4.29d。

2) 冠层表面光子点提取

冠层表面识别是植被冠层光子点提取的先决条件,通过近冠层表面光子噪声去除、冠层表面光子提取、冠层表面光子拟合等步骤,可以生成精确的冠层表面。

（1）近冠层表面光子噪声去除。去噪后光子点云仍可能包含近冠层表面光子噪声,影响冠层表面光子的精确提取。通常首先对去噪后光子点进行窗口划分,基于窗口内所有光子统计光子高程分位数。已有研究表明,白天和晚上的光子高程分位数区间 $[0.96,1]$ 和 $[0.99,1]$ 对应的光子点极可能是噪声,因此需要剔除此分位数区间的光子点云(Popescu et al.,2018)。冠层顶部噪声点去除结果如图 4.31a 所示。

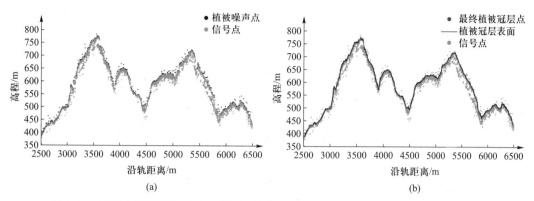

图 4.31 冠层光子点提取：(a)近植被冠层表面噪声点去除；(b)植被冠层表面拟合结果

（2）冠层表面光子提取。鉴于近冠层表面去噪后的光子点云中仍可能包含孤立的噪声光子点，对去噪后的数据重新统计高程分位数，提取光子高程分位数区间[0.96, 0.99]的光子点云作为冠层表面光子。

（3）冠层表面光子拟合。对冠层表面光子进行三次样条曲线拟合，得到冠层顶部表面。冠层表面拟合结果如图 4.31b 所示。

4.4 小 结

LiDAR 数据处理是后续行业应用的基础，其处理精度直接影响应用效果。本章详细介绍了离散点云、全波形和光子计数三种 LiDAR 数据的关键处理步骤，包括点云去噪、点云滤波、点云分类；波形去噪、波形分解、波形特征参数提取；光子去噪和光子分类等。经过处理后的 LiDAR 数据可为相关应用提供有效信息，服务于地物结构参数定量反演等。

习 题

（1）简述典型噪声和非典型噪声的异同，并说明它们产生的原因。
（2）试列举三种不同的点云滤波方法，并介绍其各自的优缺点及对地形的适应性。
（3）简要说明波形分解的核心思想和算法步骤。
（4）列举十种点云特征，写出计算方式并简要说明特征含义。
（5）列举十种波形特征，写出计算方式并简要说明特征含义。
（6）阐述机器学习和深度学习在点云分类中的异同。
（7）简要说明光子计数数据去噪的流程以及流程中各步骤的意义。
（8）简要说明光子计数数据分类的流程以及流程中各步骤的意义。

第 5 章

激光雷达遥感应用

激光雷达遥感应用遍及国民经济和社会发展的方方面面,本章结合实例介绍其在地形测绘、林业调查、电力巡检、建筑物三维建模、无人驾驶、农作物监测、文化遗产保护、室内三维建模与导航等领域的应用。

5.1 地 形 测 绘

地形测绘是测定地球表面地物、地貌的水平投影位置和高程,并按一定比例缩小、用符号和注记绘制成地形图的工作。传统的地形测绘耗时耗力且无法保证复杂地形区域的测量精度,激光雷达可以快速、直接、精准地获取地表高密度的三维空间数据,在地形测绘方面得到了广泛应用。相比航空摄影测量方法,利用激光点云制作数字地形产品,可以提高工作效率和产品精度。

利用激光雷达技术可以快速生产高精度数字高程模型(digital elevation model,DEM)、数字表面模型(digital surface model,DSM)、等高线等产品,生产流程如图 5.1 所示。DEM 是用一组有序数值阵列表示地面高程的实体地面模型,可以通过点云滤波得到的地面点并结合特征线辅助内插得到。DSM 是包含了地表建筑物、桥梁和树木等静态地物的模型,可以在特征线辅助下通过内插地面点与永久地物点生成。等高线是带高程属性的矢量数据,可以通过地面点云抽稀后内插或 DEM 提取高程特征点后内插生成。

下面以机载激光雷达点云数据为例,介绍其在地形测绘中的应用。数据覆盖范围如图 5.2 所示,面积约为 18930 m^2,地表覆盖以建筑物、植被、水体为主,共采集了1971891 个激光点。激光雷达地形测绘应用通常包括点云数据处理、地表模型构建和等高线产品生成三个步骤,具体介绍如下。

5.1.1 点云数据处理

点云数据处理主要包括点云配准、点云去噪和点云滤波等过程。

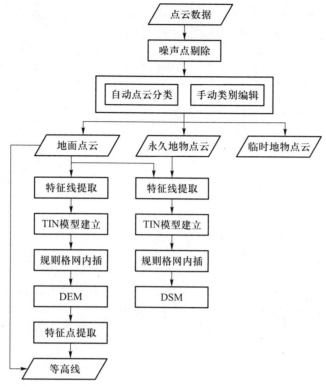

图 5.1 激光点云地形测绘应用流程

1) 点云配准

测区面积较大,一次测量通常无法完整覆盖,需要对多次测量的原始点云数据进行配准拼接。点云配准通过计算变换矩阵实现,分为粗配准与精配准两步。粗配准一般用于初始相对位置未知的两个点云数据集的配准,可为后续的精配准提供合理的初始变换矩阵。精配准是利用初始变换矩阵通过多次迭代优化得到全局最优变换矩阵(参见第 3.1.3 节)。

2) 点云去噪

原始点云不可避免地会存在噪声,点云去噪方法详见第 4.1.1 节。图 5.2b 显示了经人工编辑与基于统计去噪方法处理后的研究区点云去噪结果,可以看出,框内的噪声被去除。

3) 点云滤波

针对地形测绘应用,依据《机载激光雷达数据处理技术规范》及《基础地理信息数字成果 1∶500 1∶1000 1∶2000 数字高程模型规范》等行业标准,机载 LiDAR 采集的点云可分为三类:地面点云、永久地物点云与临时地物点云。地面点云反映地面的真实起伏,用于生产 DEM 产品及等高线产品;永久地物点云包括建筑物、植被等,可结合地面点

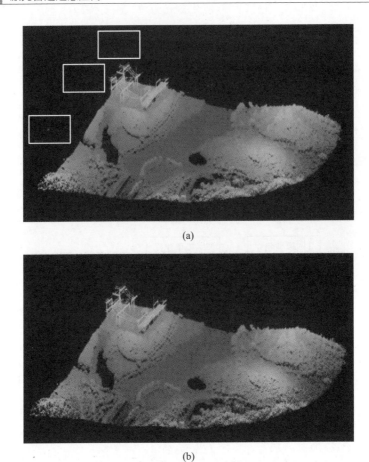

(a)

(b)

图 5.2　点云去噪:(a)去噪前;(b)去噪后

图 5.3　CSF 点云滤波结果

云生产 DSM 产品;临时地物点云包括静止的和运动的临时地物(如车辆、行人、动物等)。

　　地面点云可以通过点云滤波得到。"点云魔方"软件集成了布料模拟滤波(CSF)、移动曲面滤波等多种点云滤波算法(详细算法介绍参见第 4.1.2 节)。图 5.3 显示了研究区点云滤波结果。

5.1.2　地表模型构建

地表模型构建主要有两种表达方式,即不规则三角网地表模型和规则格网地表模型。在构建地表模型前,通常可通过提取特征线来提高模型构建精度,然后通过不同的空间插值算法分别得到两种地表模型。

1) 特征线提取

由于地形特征多变,且水体对激光具有吸收作用,测区内会存在一些"空洞",因此在制作 DEM、DSM 等时会产生误差。针对上述问题,可通过构造特征线的方式,在插值时设定约束条件来避免。

特征线可分为软特征线、硬特征线和断层特征线等。软特征线描述坡度的不连续性,在山脊、河流等区域可使地表模型更加真实;硬特征线保持地表的锐度,主要用于海岸线、水坝等高程突变处;断层特征线用于地表的断裂处,如地质断层、陡崖、峭壁、建筑物边缘等,区域内每一个位置都对应高、低两个高程值,因此在断层顶部和底部各增加一条特征线即可正确描述该区域地表真实状况。特征线的获取方式通常分为三种:摄影测量、点云自动提取和人工采集。摄影测量方式精度高,但需要与点云数据严格配准;点云数据自动提取方式无需配准,但精度受点云密度影响;人工采集方式精度高,但耗时长、成本高。

2) 基于空间插值的三维地表模型构建

空间插值即基于未知点受已知点影响且与距离成反比的假设,根据已知点的属性和空间分布方式对未知点进行估算的过程。空间插值经典算法包括不规则三角网(triangulated irregular network, TIN)插值、反距离加权(inverse distance weighted, IDW)插值、自然邻域插值、克里金(Kriging)插值等,其中基于 TIN 的数字模型是矢量产品,后三种方法插值得到栅格产品。

(1) TIN 插值算法。将已知点最近的三个点相连,形成覆盖全区的三角网。其中每个三角形的坡度和坡向固定,根据预测点和最近三角面片的角度和距离即可进行插值。其核心功能是把样本点从多个临近点缩减到离预测点最近的三个,进一步的插值运算可以采用基于 TIN 的线性插值或者根据区域权重进行自然邻域法插值。本节分别用滤波后的地面点云与剔除临时地物的全部点云,在特征线约束下将离散点连接成相互连续的三角面,得到基于 TIN 的 DEM 与 DSM(图 5.4)。特征线对 TIN 的约束在于:不与三角形相交、始终为三角形的边、控制三角面的坡度等(汤国安等,2010)。

(2) 自然邻域插值法。查找距查询点最近的输入样本子集,并基于样本重叠区大小,按比例确定权重进行插值。该方法可以根据输入数据的结构进行局部调整,而无须用户输入搜索半径、样本计数或形状有关的参数,对于规则和不规则分布点云都具有相同效

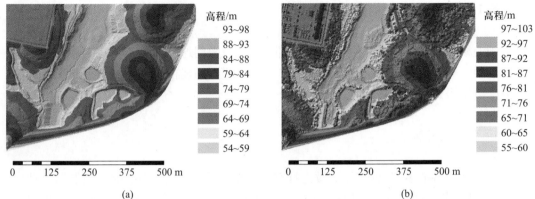

图 5.4   基于 TIN 的 DEM(a)与 DSM(b)模型(参见书末彩插)

果。但该方法仅用查询点周围的样本子集进行插值,具有局部性,并且插值后的高程范围小于输入点云的实际高程范围。

(3)IDW 插值法。根据已知点和预测点之间的距离来确定权重的插值方法,距离越近影响越大;反之,越小,表示为式(5.1):

$$Z = \sum_{i=1}^{n} \frac{1}{(D_i)^p} Z_i \Big/ \sum_{i=1}^{n} \frac{1}{(D_i)^p} \tag{5.1}$$

其中,Z 表示估测值,Z_i 表示第 i 个已知点的值,D_i 表示第 i 个已知点与估测点的距离,p 表示幂次方。p 值为 1 时,插值权重为线性衰减;p 值越大,预测点受临近点的影响越大,插值表面越精细,但也失去平滑效果;p 值越小,预测点受较远点影响越大,插值表面越平滑,同时细节也会缺失,通常 p 值选择 0.5~3 较为合理(朱求安等,2004)。

(4)克里金插值法。地统计学中常用的插值方法。与 IDW 插值类似,该算法需要计算已知点对预测点的影响权重,但与 IDW 仅利用距离计算权重不同,克里金插值法需要考虑距离、预测的位置点和已知点的整体排列,量化空间自相关,见式(5.2)。空间点的分布通常用线性模型、高斯模型、球状模型、指数模型或圆形模型等表达。

$$\hat{Z}(S_0) = \sum_{i=1}^{N} \lambda_i Z(S_i) \tag{5.2}$$

其中,S_i 表示第 i 个位置点,$Z(S_i)$ 表示第 i 个位置点的测量值,λ_i 表示第 i 个位置点的未知权重,S_0 表示预测位置,$\hat{Z}(S_0)$ 表示预测位置的预测值,N 表示测量值的个数。克里金插值法考虑了高程在空间位置上的变异分布,确定对待插点有影响的距离范围,然后用此范围内的采样点来估计待插点高程值,当数据点较多时可信度较高。

在利用规则格网的空间插值方法制作 DEM 与 DSM 时,通常采用等间距的规则格网,即格网的纵向与横向间距保持一致。根据基础地理信息数字成果相关标准,不同分幅比例尺的格网间距标准如表 5.1 所示。

表 5.1   不同比例尺的 DEM 格网间距

分幅比例尺	DEM 格网间距/m	分幅比例尺	DEM 格网间距/m
1:500	0.5	1:5000	2.5
1:1000	1.0	1:10000	5.0
1:2000	2.0		

5.1.3   等高线产品生成

等高线产品是一种直观的地形表现形式,可以通过不同的排列与模式反映地形,是地形制图的常用方法,例如,陡峭地形的等高线间距紧密,等高线向河流上游方向弯曲等。等高线连接高程值相等的点,相邻等高线之间的垂直距离为等高距。根据成图比例尺和等高距要求,可以通过规则格网地表模型或不规则三角网地表模型生成等高线产品。

1) 规则格网地表模型生成等高线

通常分为高次曲面内插法和格网线性内插法,其中格网线性内插法应用最广。格网线性内插法首先在格网中确定待内插等高线的起点,然后从起点出发遍历格网内插等值点生成等高线。格网间距会影响等值线生成效果,间距较大会导致等值线粗糙不均匀,因此要结合分幅比例尺选择合适的格网间距。此外,直接由原始规则格网地表模型所创建的等高线轮廓可能会呈方形或不均匀,使得等高线不平滑,需要采用平滑处理的方式对原始格网地表模型进行调整,使等高线不会恰好穿过栅格的像元中心。平滑处理可以采用焦点统计的方式,应用自定义加权模板计算每一个像元周围八邻域的加权平均值作为平滑后的值,最后应用分段线性内插算法得到等高线产品(图 5.5a)。

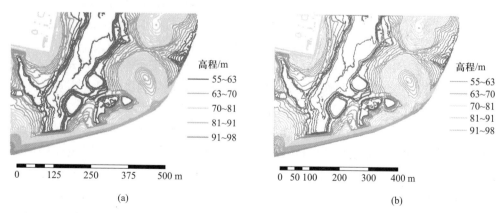

图 5.5   等高线产品:(a) 基于规则格网地表模型生成的等高线产品;(b) 基于 TIN 地表模型生成的等高线产品

2) TIN 地表模型生成等高线

从 TIN 地表模型自动绘制等高线分为两个基本步骤:①等高线与三角形检查;②等高线绘制(Jones et al.,1986)。首先检查每个三角形是否被等高线经过,如果经过,则沿三角形边缘对两个节点线性插值,从而确定等高线节点的位置;然后连接所有等高线节点,生成初始等高线;最后使用样条函数拟合算法对初始等高线进行平滑处理,得到等高线产品(图 5.5b)。

5.2　林 业 调 查

森林是陆地生态系统的重要组成部分,保护森林资源是维护生态平衡的重要工作。传统林业调查工作多依靠野外人员每木检尺来统计树木的类型、树高、冠幅和胸径等信息,内业整理数据并计算林分的各种参数,耗时、耗力且效率较低。光学遥感可提供林分水平结构信息,但难以直接获取垂直结构信息。LiDAR 技术可以获取丰富的三维结构信息,已在林业调查中显示出独特的优势(李增元等,2016)。本节介绍 LiDAR 技术在森林结构参数(植被高度、间隙率、覆盖度、生物量等)提取和树种精细分类中的应用。

5.2.1　单木参数提取

1) 单木分割

单木分割是通过相关算法从点云数据中识别单木点云,进而得到单木的坐标位置信息以及构建单木模型等。目前,利用机载 LiDAR 数据进行单木分割方法主要分为两大类:一类是基于冠层高度模型(canopy height model,CHM)的单木分割方法,常用的方法有局部最大值、分水岭分割、区域增长和基于区域的层次横断面分析等;另一类是基于激光点云的单木分割方法,常用的方法有 K 均值聚类、自适应距离聚类、均值移动聚类和图割方法等。下面以美国华盛顿州西部 Capitol State 森林蓝岭地区的机载点云数据为例,介绍基于图割方法的机载 LiDAR 单木识别方法(王濮等,2019),具体步骤如下。

首先,对原始点云进行滤波和插值处理,得到 DEM 和 DSM(图 5.6),并基于 DSM 和 DEM 生成 CHM。然后,利用 CHM 数据计算局部最大值以确定冠层表面的明显树顶,以此作为单木位置的先验知识进行迭代分割处理,分割出冠层的每一棵单木。此外,冠层遮挡和结构分层可能导致冠层中下层的单木存在漏检。对于漏检的未分类点云,以全局最大值代替局部高程最大值来作为冠层分割方法的先验条件,从高到低依次对未分类点云中可能存在的单木或树梢进行迭代检测。图 5.7 为研究区单木分割结果。

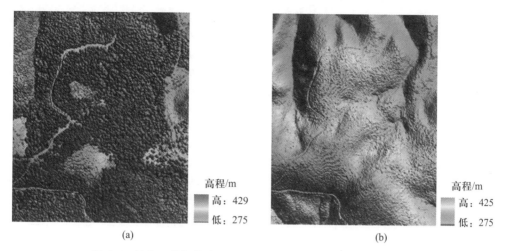

图 5.6 从点云数据构建的 DSM(a)和 DEM(b)(参见书末彩插)

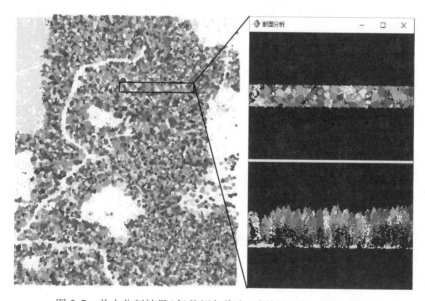

图 5.7 单木分割结果(每种颜色代表一棵树)(参见书末彩插)

2) 单木参数计算

单木分割结果可用于单木尺度参数提取,包括树高和冠幅等。

(1)树高。树高是进行森林单木长势、生物量、蓄积量评定的基础数据之一,是林业资源调查的重要因子。在激光点云数据中,通常认为单木最高点与地面点的高度差,即为树高。本例利用"点云魔方"软件中的单木树高提取工具,提取研究区的所有单木信息,包括树木位置和树高(表5.2)。

表 5.2   单木位置及树高

单木编号	X	Y	树高/m
1	187450	4989881	59.38
2	187454	4989856	58.89
3	187966	4989965	57.38
4	187864	4989695	57
5	187964	4989954	56.07
6	187994	4989936	56
7	187858	4989693	56
8	187904	4989705	56
⋮	⋮	⋮	⋮
15402	188004	4989500	2

（2）冠幅。将单木点云投影到水平面上并计算投影区域的凸包面积,即为树冠冠幅面积。冠幅面积的计算步骤为:首先对点云数据进行单木分割,然后将分割后的单木点云投影到水平面上,并在投影面上绘制每棵单木的凸多边形,计算每个凸多边形的面积即为每木的冠幅面积。

5.2.2   林分参数提取

1）冠层高度模型

冠层高度模型(CHM)是冠层尺度森林结构参数提取的主要数据源,也可用于单木分割和单木结构参数提取。基于 LiDAR 点云数据生成 CHM 主要有两种方法:一是 DSM 与 DEM 做差,但该方法需要进行两次空间插值,冠层信息损失量较大,不能体现森林冠层的复杂性;二是利用 DEM 对 LiDAR 点云进行高程归一化,进而插值生成 CHM。理论上,第二种方法是通过点云生成的 CHM,相比第一种方法信息损失量小。本例采用第二种方法生成 CHM。

本例的研究区面积约 147 hm^2(图 5.8a),点云密度为 4.86 point/m^2,获取时间为 1999 年春季,森林类型以人工林为主。使用"点云魔方"软件对原始点云进行归一化处理,结果如图 5.8b 所示。然后对归一化点云进行空间插值生成 CHM,常用的插值算法参见第 5.1 节。图 5.8c 为利用反距离加权(IDW)插值算法生成的 CHM。

2）冠层参数计算

（1）间隙率。间隙率又称为孔隙率(gap probability),指光线/光子不受阻碍地穿过森林冠层直接到达地面的概率,其分布范围为 0~1(从完全植被覆盖到无植被覆盖)(Li and Strahler,1988)。它与光的入射方向、入射角度、冠层空间结构(叶面积指数和叶倾角分布等)等密切相关,可用 Beer-Lambert 公式计算得到。LiDAR 点云和波形数据都已成

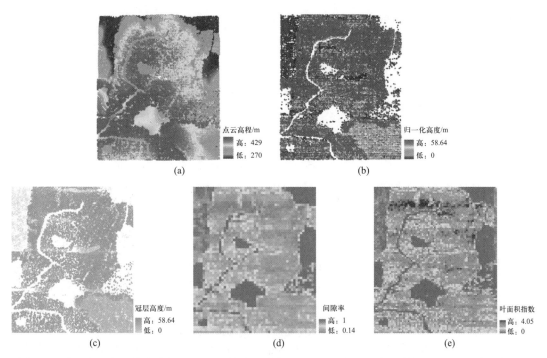

图5.8　基于点云的植被参数提取:(a)原始点云数据;(b)归一化后的点云数据;(c)冠层高度模型;
(d)森林间隙率;(e)森林叶面积指数分布图(参见书末彩插)

功应用于森林间隙率计算。基于点云数据的森林间隙率 P_{gap} 可以表达为地面点云数与总
点云数的比值:

$$P_{\text{gap}} = \frac{n_{\text{ground}}}{n} \tag{5.3}$$

其中,n_{ground} 是地面点云数,n 是总点云数。对于全波形数据,间隙率可以通过激光穿透指
数(laser penetration index,LPI)来代替。该指数充分考虑了激光在森林冠层内部的能量
传输,因此间隙率可定义为波形中来自地面的回波能量和总回波能量之比:

$$P_{\text{gap}} = \text{LPI} = \frac{\sum I_{\text{Ground}}}{\sum I_{\text{Ground}} + \sum I_{\text{Vegetation}}} \tag{5.4}$$

其中,LPI 由 LiDAR 强度数据计算,$\sum I_{\text{Ground}}$ 为地面回波总强度,$\sum I_{\text{Vegetation}}$ 为冠层回波
总强度。

图5.8d 是采用"点云魔方"软件的间隙率模块得到的冠层间隙率分布图。为了得到
可靠结果,空间格网大小应该大于冠幅,设置的高程阈值应该能够分离植被点和地面点。
本例中参数设置为:空间格网 15 m×15 m,高程阈值 2 m。

(2)叶面积指数。叶面积指数(LAI)定义为单位地表面积上所有叶片面积的一半
(Chen and Black,1992)。传统光学遥感可以用于大面积 LAI 估算,但存在信号饱和问题。

激光脉冲具有较强的穿透性,能够获取冠层垂直结构信息,已广泛应用于森林 LAI 估算。下面介绍一种较为常用的森林 LAI 反演方法。

激光能量在冠层中的衰减与叶面积指数 LAI 相关,可以用 Beer‒Lambert 定律表示:

$$I = I_0 e^{-k \cdot \text{LAI}} \tag{5.5}$$

其中,I 是冠层下方的光强,I_0 是冠层上方的光强,k 是消光系数,取决于叶倾角和光束方向。式(5.5)表明,LAI 可以通过间隙率 I/I_0 来计算,由式(5.4)可知,间隙率可以用 LPI 来代替,因此冠层叶面积指数 LAI 可以通过消光系数 k 与 LPI 来计算:

$$\text{LAI} = -\frac{1}{k}\ln\left(\frac{I}{I_0}\right) = -\frac{1}{k}\ln(\text{LPI}) \tag{5.6}$$

由于回波强度受到激光发射能量、地物反射率、大气衰减及激光传输距离等因素影响,因此需要进行强度校正以减少上述因素的影响,提高森林结构参数估算精度,具体的强度校正方法参见第 3.1 节。图 5.8e 是使用"点云魔方"软件制作的叶面积指数分布图,参数设置为:空间分辨率 15 m,高程阈值 2 m,叶倾角分布 0.5。

(3)其他植被结构参数。除间隙率和叶面积指数外,激光雷达数据还可用于诸如覆盖度、郁闭度、叶倾角分布、生物量等其他参数提取。

覆盖度(canopy cover)和郁闭度(canopy closure)均是反映森林结构的重要参数。覆盖度也称为植被覆盖度,是指植被在地面上的垂直投影面积与统计区总面积的百分比。郁闭度是从林地一点向上仰视,被树木枝干及叶片所遮挡的天空球面的比例。Korhonen等(2011)利用冠层首次回波个数与总回波个数之比来估算森林冠层覆盖度;Riano 等(2003)利用冠层激光点云数与全部激光点云数据的比值来估测郁闭度。

叶倾角分布(leaf angle distribution,LAD)是森林冠层中各叶片腹部法线与地面法线夹角的分布情况。LiDAR 森林结构探测能力为 LAD 估算提供了新的技术手段。Riaño 等(2003)利用体元模拟激光束穿透林木冠层时被拦截的情况,估算每层冠层叶片与激光接触的比率,并根据间隙率理论求得 LAD 曲线。

森林生物量(biomass)是某一时刻单位面积内实存的活性有机物质总量,用来描述森林生态系统功能和生产力,是森林碳汇估算的重要输入数据。基于 LiDAR 数据进行森林生物量估算主要采用多元线性回归、机器学习、深度学习等方法,建立基于激光雷达特征参数或森林参数(如树高、冠幅、胸径、覆盖度、叶面积指数)的生物量估算模型(黄克标等,2013;Luo *et al.*,2019),其中星载 LiDAR 可应用于全球或大区域尺度的森林生物量估算,机载 LiDAR 点云或波形数据可用于区域或样方尺度的森林生物量估算。

此外,激光点云或波形特征参数也可用于其他植被结构参数提取,如首次回波的80%~90%百分位高度或最大高度可用于估测平均树高或优势树高;胸高断面积、材积、平均胸径或株数与 20% 或 30% 百分位高度呈强相关性。"点云魔方"软件提供了 56 个高程参数的自动提取(如累积高程百分数、平均绝对偏差、冠层起伏比率、变异系数等),可实现上述多种森林参数的估算。

5.2.3 林业参数制图

星载激光雷达数据覆盖范围广,已广泛应用于大区域森林高度反演与制图。Yang 等 (2015)和 Wang 等(2016)利用 GLAS 数据和其他遥感数据分别制作了我国和全球 500 m 分辨率森林冠层高度分布图。新一代星载激光雷达 ICESat-2/ATLAS 和 GEDI 的激光点密度大幅提高(参见第 3.3 节),为大区域高分辨率森林高度制图提供了更可靠的数据源。本例利用新一代星载激光雷达数据和其他数据进行我国 30 m 分辨率森林高度分布制图,包括数据处理、光斑尺度森林高度反演与一致性研究以及森林高度制图等步骤,流程如图 5.9 所示。

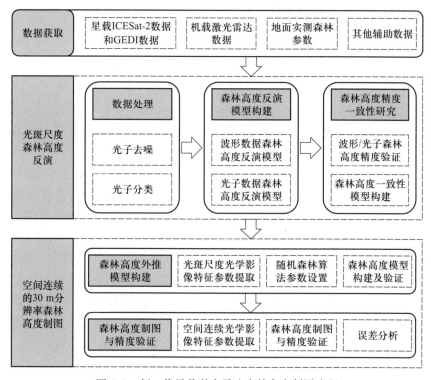

图 5.9 新一代星载激光雷达森林高度制图流程

1) 星载 LiDAR 数据处理

为了提取星载 LiDAR 数据中的森林冠层参数,对 GEDI 波形数据进行波形去噪、波形分解和波形特征参数提取,具体算法参见第 4.2 节。对 ICESat-2/ATLAS 光子数据进行光子去噪与分类处理,具体算法参见第 4.3 节。

2) 光斑尺度森林高度反演与一致性研究

利用 ICESat-2 数据处理得到的冠层表面和地表面提取 ICESat-2 森林冠层高度,利用 GEDI 数据处理得到的波形特征参数提取 GEDI 森林高度。由于 ICESat-2 与

GEDI 在森林探测机理、数据分布方式等方面明显不同,反演得到的森林高度存在差异。为了保证两者反演森林高度精度的一致性和可靠性,利用逐步线性回归算法建立 GEDI 森林高度和光子特征参数之间的关系模型,获取精度一致的光斑尺度森林高度样本集。

3) 森林高度制图

以星载 LiDAR 提取的光斑尺度森林高度数据为主要数据源,联合光学遥感数据、地形数据和气候数据等,通过随机森林回归算法对我国区域不同生态地理分区与森林类型分别建立森林高度外推模型,最终实现我国区域 30 m 分辨率森林高度制图。

5.2.4 树种精细分类

LiDAR 数据衍生的结构特征信息可用于树种精细分类。陈向宇等(2019)基于高分辨率的点云数据提出了结构特征参数、纹理特征参数、冠形特征参数等,树种分类精度达到 85%。Koenig 和 Höfle (2016)介绍了 LiDAR 全波形数据衍生的多种特征,如回波振幅、冠层长宽之比、冠层体积等,并根据这些特征进行树种分类。然而,LiDAR 数据虽然可以提供丰富的垂直结构信息,但缺少相应的光谱信息。因此,融合 LiDAR 与高光谱数据可以有效提高树种分类精度。通常利用高光谱数据提取光谱特征(如光谱反射率)、植被指数特征(如归一化植被指数)和空间特征(如灰度共生矩阵),利用激光雷达数据提取垂直分布特征(如冠层高度模型、树高百分位数),然后融合以上特征并选择机器学习或深度学习方法进行树种分类。激光雷达和高光谱特征融合方法一般分为两类:一类是直接堆叠,把两种数据的特征放在一起输入分类器中进行分类;另一类是将两种数据的特征通过成分替代、引导滤波、小波变换等方法融合后输入分类器中。本例利用广西高峰林场的高光谱数据和激光雷达数据进行树种精细分类。图 5.10 展示了融合光谱–垂直–空间特征的树种分类结果,分类精度达到 96.1%(Feng et al.,2020)。

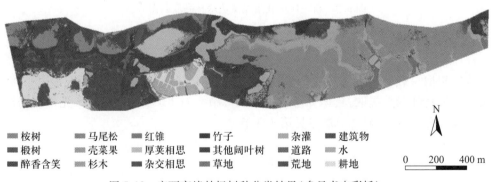

桉树	马尾松	红锥	竹子	杂灌	建筑物
椴树	壳菜果	厚荚相思	其他阔叶树	道路	水
醉香含笑	杉木	杂交相思	草地	荒地	耕地

N

0　200　400 m

图 5.10　广西高峰林场树种分类结果(参见书末彩插)

5.3 电力巡检

我国高压/超高压输电线路规模增长迅猛,对输电通道的高效管理和安全运营提出了更高需求。电力巡检是精确、快速获取输电线路及周围环境空间信息与动态变化的过程,其巡检方式已从人工巡检、遥感与摄影测量技术巡检,发展到目前的机载激光雷达巡检。传统遥感和摄影测量技术虽然在一定程度上减小了运维成本,但存在测量精度低、巡检误差大等问题,而机载 LiDAR 系统可以直接获取高密度、高精度的三维空间数据,为输电通道三维空间信息获取与安全巡检提供了新的技术手段。机载 LiDAR 输电通道安全巡检的技术流程如图 5.11 所示,主要包括输电通道点云分类、三维重建和安全分析等。下面以某超高压输电通道为例,对机载 LiDAR 电力巡检流程进行介绍。该超高压输电通道点云由无人机搭载 Riegl VUX1 系统采集,长约 52 km、宽 100 m,点云密度约 68 point/m²,主要地物包括植被、杆塔、电力线和建筑物等。该区域植被茂密,地形起伏大。

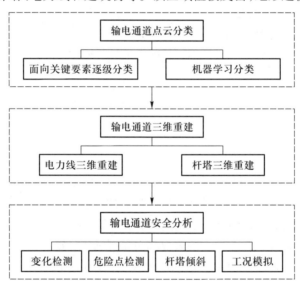

图 5.11 激光雷达输电通道安全巡检技术流程图

5.3.1 输电通道点云分类

常用的输电通道 LiDAR 点云分类方法可以归纳为两种,即面向关键要素逐级分类和机器学习分类,下面分别介绍。

1) 面向关键要素逐级分类

面向关键要素逐级分类是通过分析物体的空间几何特征及点云的空间分布特点,逐一将目标点云从整体点云数据中分离。图 5.12 是输电通道点云面向关键要素逐级分类

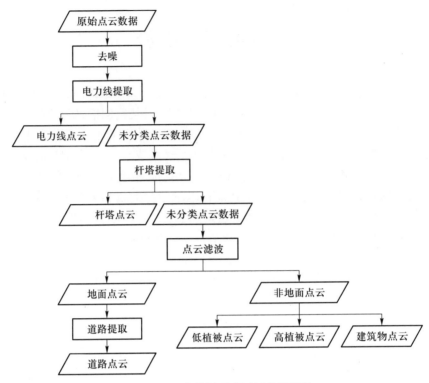

图 5.12　面向关键要素逐级分类流程

的流程图,具体步骤介绍如下。

(1) 电力线点云提取。提取算法一般可分为四类:①基于高程分布特征的方法;②基于连通性分析和区域生长的方法;③基于霍夫变换或 RANSAC 的直线/抛物线检测方法;④基于电力线点云密度、回波信息及特征值等的方法。实际应用中,由于电力线排列方式多变、点云数据稀疏或缺失,导致电力线相关特征减弱或消失,进而无法有效识别电力线点云或被错分,因此通常联合多种方法来提高分类精度,但同时也会增加算法的复杂度。图 5.13 显示了基于 RANSAC 算法提取的电力线点云(红色显示)。

图 5.13　单档输电通道中电力线点云示意图(参见书末彩插)

(2) 杆塔点云提取。从机载 LiDAR 数据快速、精确提取杆塔点云是其三维数字化重建的基础。提取杆塔点云时需充分分析杆塔空间结构特性与点云几何分布特点,目前常用的提取方法可分为图像处理方法、区域生长方法和混合提取方法。

图像处理方法是指利用二值图像轮廓跟踪的思想跟踪三维杆塔线性结构,由此完成杆塔点云的精确提取。区域生长方法应用较多,该方法首先将点云投影到水平面上并进行格网化,采用区域生长算法将包含杆塔的网格数据进行聚类,并利用一定高度上杆塔点云垂直投影的面积、杆塔塔头长度阈值等过滤掉不符合要求的点云数据,得到独立的杆塔点云。但以上两种方法只能粗提取杆塔,所得到的结果包含大量植被及电力线等杂点,且对杆塔底部地面点的滤波效果不佳,需人工进一步剔除。考虑到杆塔类型多样且结构复杂,使用单一方法难以直接提取完整的杆塔点云,所以通常需要考虑将多种提取方法结合,即混合提取方法。例如,采用平面格网邻域聚类方法粗提取杆塔点云,并通过欧氏聚类去噪和空间格网生长进行点云数据预处理,然后基于随机采样一致性(random sample consensus,RANSAC)空间直线拟合法提取杆塔主干区和塔身棱线点云,并采用模型生长的方法剔除其周围噪点,最后针对不同类型杆塔去除底部噪点。混合提取方法能够根据杆塔不同部位点云分布特点采用合适的提取算法,通常可获得较好的提取效果。图5.14展示了T型塔、O型塔点云提取结果。

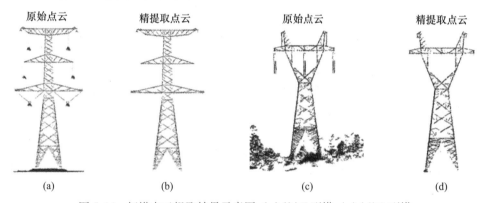

图 5.14　杆塔点云提取结果示意图:(a)(b)T型塔;(c)(d)O型塔

(3)其他点云分类。提取杆塔点云和电力线点云后,即可对其他地物进一步分类。

道路点提取:可利用道路点云的连通性、高程差、坡度和形状等空间几何特征,基于区域生长等算法提取道路点。

建筑物点提取:建筑物屋顶一般比较平整,对于平面屋顶的建筑物点云,其点云法向量具有相似性,因此可以利用基于法向量的区域生长算法提取数学意义上的平面点云,得到建筑物点云。

植被点提取:将植被点云按距离地面的高度进行分类,即设置高差阈值,将差值大于阈值的点划分为高植被点,低于阈值的点划分为低植被点。

图5.15显示了输电通道关键要素点云分类结果。总体来说,基于面向关键要素逐级分类算法对计算机硬件要求较低,分类精度与分类效率较高,基本可以满足外业实时分析处理需求,但其识别的地物种类有限。

2)机器学习分类

机器学习分类是使用训练集训练得到相应的模型,并通过该模型将目标物体的点云从整体点云中分离。首先,将输电通道点云数据按照一定比例划分为测试集和训练集,并

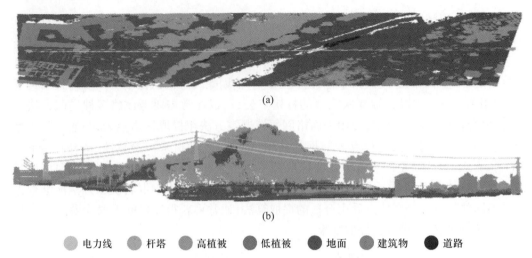

(a)

(b)

⬤ 电力线   ⬤ 杆塔   ⬤ 高植被   ⬤ 低植被   ⬤ 地面   ⬤ 建筑物   ⬤ 道路

图 5.15   面向关键要素逐级分类的输电通道点云分类结果:(a)俯视图;(b)侧视图(参见书末彩插)

明确输电通道场景中的典型地物为杆塔、电力线、地面、植被、建筑物等,同时完成去噪处理。然后,分析各地物的空间几何特征,选取合适的邻域类型及邻域尺寸,提取点基元特征并输入分类器进行训练。最后,利用测试数据集进行测试,判断最终分类结果是否满足精度要求。

本例使用四种常用的机器学习分类器对输电通道点云数据进行分类,即 K 近邻、逻辑回归、随机森林和梯度提升树,采用的点云特征见表 4.3,分类结果如图 5.16 所示,图中黑色框中部分为错分区域。

比较四种方法的分类结果,K 近邻、随机森林和梯度提升树这三种分类器分类效果较为稳定,且后两者的分类结果相近;逻辑回归算法分类精度最差,受数据源影响最大,杆塔、电力线存在较多错分。总体来说,基于机器学习的输电通道分类方法精度高,对关键电力要素的分类精度可达 95% 以上,能够满足多种应用分析要求,但对计算性能要求高,时效性较差。具体工程应用中应选择合适的自动分类算法或算法组合,以提升数据工程化处理效率。

5.3.2   输电通道三维重建

1) 电力线三维重建

潜在危险检测和结构稳定性分析是输电通道安全分析的主要内容,而基于点云的电力线三维重建是三维可视化、工况模拟与预警分析等应用的基础。电力线的拟合通常使用 XOY 水平平面和 XOZ 垂直平面两个二维模型组合或直接使用三维模型。这些模型可分为五种类型:直线和悬链线结合的模型、直线和一元二次多项式结合的模型、直线和二元多次多项式结合的模型、多项式模型和多线段模型(包括直线线段模型、抛物线线段模型和悬链线线段模型),涉及直线、抛物线、悬链线三种方程的解算。

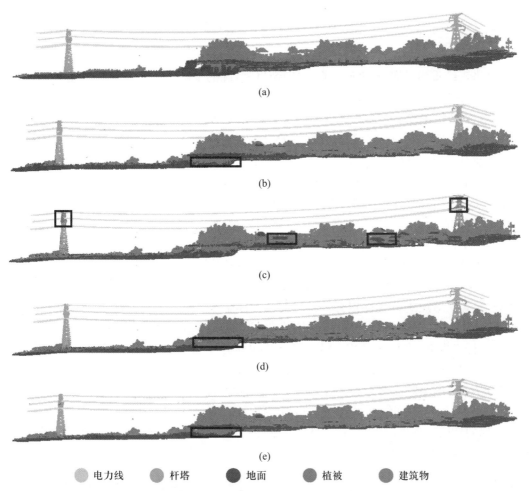

图 5.16 基于机器学习的输电通道点云分类结果:(a)参考分类数据;(b)K 近邻;(c)逻辑回归;(d)随机森林;(e)梯度提升树(参见书末彩插)

电力线挂点是电力线与绝缘子的接触点。基于电力线点云和三维重建模型,可以通过点云局部高程变化分析提取电力线挂点,最终得到电力线三维模型(图 5.17)。

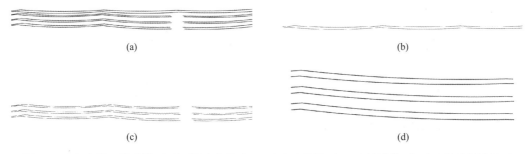

图 5.17 电力线三维建模:(a)原始电力线点云;(b)地线模型;(c)导线模型;(d)分裂导线模型

2）杆塔三维重建

杆塔三维重建是实时、准确掌握并监控杆塔状况的基础。目前,基于点云的杆塔模型构建方法主要有四种:使用建模软件的人工或半自动建模、数据驱动建模、模型驱动建模和混合驱动建模(Zhou *et al.*,2017)。本节介绍一种高效的机载点云杆塔三维重建算法(Chen *et al.*,2019)。首先,根据杆塔结构的相似性,将经过重定向后的杆塔点云数据分为复杂的上部结构、四棱锥体金字塔中部结构和倒三角形金字塔下部结构三部分,分别对应图 5.18 点云部分。

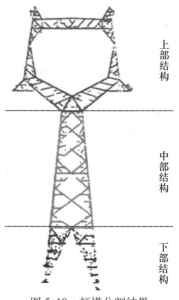

对于上部结构,确定连接点的三维坐标及其之间的拓扑关联,得到轮廓的角点。对于倒三角形金字塔下部结构,找出其分割平面并提取拟合点,利用RANSAC 算法对点进行线性拟合。对于四棱锥体金字塔中部结构,提取外部塔身轮廓,并用二维直线方程拟合;对于杆塔内部,将其分成 XX、XV、VX、VV 四种类型(图 5.19),计算中间交叉点的坐标,基于 DBSCAN 算法将点分为若干簇,拟合内部直线并用最小二乘迭代消除交叉误差,确定内部结构的类型。最后,将上部、中

图 5.18　杆塔分割结果

部、下部的杆塔模型进行矢量相连,得到完整的杆塔三维模型。图 5.20 显示了多种杆塔三维建模结果,其建模平均误差为 0.32 m,平均计算时间为每个塔 0.8 s。

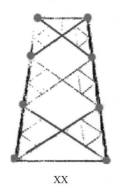  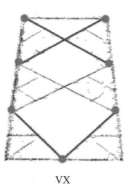 

XX　　　　　　　　XV　　　　　　　　VX　　　　　　　　VV

图 5.19　杆塔内部结构类型(参见书末彩插)

5.3.3　输电通道安全分析

基于输电通道点云分类结果可准确计算通道内本体要素与其他地物的安全距离,精准模拟通道工况并进行危险预测,定量化分析其中地物的变化规律等。

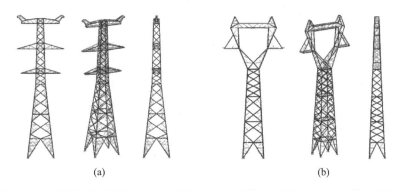

图 5.20 两种类型杆塔的三维重建结果:(a)T 型塔重建结果;(b)O 型塔重建结果

1) 变化检测

与基于二维影像的变化检测相比,利用多时相机载 LiDAR 数据不仅可以从三维空间提取变化区域和变化地物,还可以更精确地了解其变化属性。本例实验数据来自国网通用航空有限公司提供的 800 kV 输电通道多时相数据,该数据由无人机激光雷达系统分别于 2016 年、2018 年获取,其中一档长为 505 m 的输电通道点云数据如图 5.21 所示。对两期数据进行预处理、滤波和分类等操作。

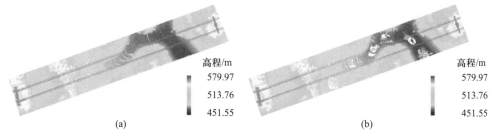

图 5.21 两期实验数据俯视图:(a)2016 年;(b)2018 年

(1)建筑物变化检测。将两期数据中的建筑物点云分别做高程归一化处理,分析并提取变化区域。如图 5.22 所示,新增建筑物用虚线框框出;相对于 2016 年,该区域两年内新增了两处建筑物。

(2)植被变化检测。植被及其高度变化是输电通道安全巡检的重要内容之一。设置高程阈值提取两期点云数据中的变化点云并标记,得到变化地区。

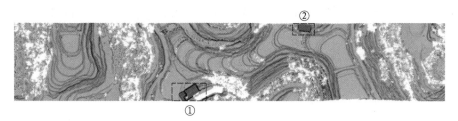

图 5.22 建筑物变化区域

2）危险点检测

危险点指可能对输电通道安全运营产生危害的点。输电通道遍布城乡、面广线长且裸露野外,特别是高压线下违章植树等,可能造成对树放电,因此基于机载 LiDAR 数据实现输电通道危险点检测和安全预警具有非常重要的意义。为了更直观地查看危险点,可将危险点分析所采用的规范、分析结果及危险点详细信息以报表的形式自动输出。图 5.23 列出了 15 号和 16 号杆塔之间且距离 15 号塔 6.855 m 处树木的详细信息,该树木到电力线距离小于安全阈值,被列为危险点,需要进行砍伐。

序号	杆塔区间	距小号塔距离/m	距大号塔距离/m	坐标点	实测距离/m		
					水平	垂直	净空
1	#15-#16左下相	6.855	392.793	107°19'4.34"E, 29°43'42.22"N	1.02	4.32	4.44

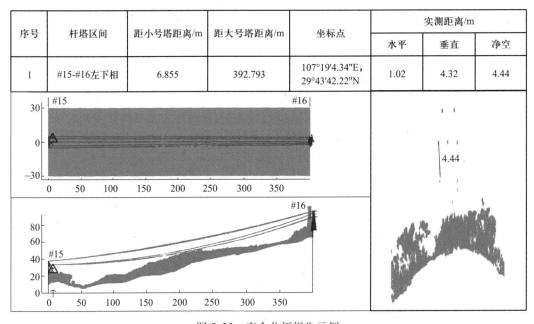

图 5.23 安全分析报告示例

3）杆塔倾斜检测

当输电线路经过煤炭开采区、软土质区和河床地带等区域时,杆塔易发生倾斜,会造成杆塔导地线的不平衡受力,引起杆塔受力发生变化,影响线路正常运行,因此需定期检查杆塔倾斜程度并对变化情况进行预测。水平截面法是计算杆塔倾斜度的常用方法(蔡来良等,2018),其前提是杆塔发生单一方向的倾斜、塔体中轴方向不出现扭曲变形。主要步骤包括:①对杆塔点云进行垂直分层;②提取每层杆塔的中心点坐标;③利用最小二乘拟合求取每层杆塔中心空间直线方程的系数,计算杆塔的倾斜程度及倾斜角。

4）工况模拟

工况模拟是通过模拟输电通道工况来达到安全预警的目的。例如,通过构建导线状态方程,即导线由一种状态到另一种状态满足的条件方程[式(5.11)],实现输电通道导线的模拟,以完成导线安全检测。在植被长势预测方面,通过构建通道树木生长模型预测其生长态势,监测树木与导线的安全距离。在地物变化方面,通过模拟不同时期同一输电通道下的地物水平结构及垂直结构变化,进行地物变化预警。式(5.7)是不同温度状态下输电线路模拟模型:

$$\sigma_n - \frac{\gamma_n^2 l^2 E \cos^3 \beta}{24\sigma_n^2} = \sigma_m - \frac{\gamma_m^2 l^2 E \cos^3 \beta}{24\sigma_m^2} - \alpha E \cos \beta (t_n - t_m) \tag{5.7}$$

其中,σ_n、σ_m 分别为两种状态下导线弧垂水平应力,γ_n、γ_m 分别为两种状态下导线比载,t_n、t_m 分别为两种状态下导线的温度,l、β 分别为该档的档距和高差角,α、E 分别为导线的温度膨胀系数和弹性系数。

图 5.24 为输电线路工况模拟实例,通过模拟高温、大风与覆冰条件下的电力线变化情况,预测可能的危险点,减少电力事故发生的可能性。

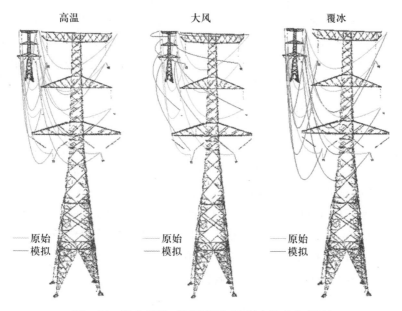

图 5.24　输电线路工况模拟示意图(参见书末彩插)

5.4　建筑物三维建模

国家新型城镇化规划、建设、管理对三维数字建筑物模型(digital building model,DBM)需求愈加强烈。DBM 作为地理空间信息数据的一个重要组成部分,在智慧城市、无人驾驶、能源需求评估等方面有着广泛的应用。基于点云数据的 DBM 构建方法主要分为两大类:基于模型驱动的建模方法和基于数据驱动的建模方法(Maas *et al.*,1999)。

　　基于模型驱动的建筑重建方法通常认为现实中的房屋、高楼等建筑都是由基本几何体组合而成,通过预先建立这些简单几何体的模型库,根据房屋拓扑结构等先验知识,采用贝叶斯推断(Bayesian inference)算法(Morris,1983)、可逆跳转的马尔可夫链蒙特卡罗(reversible jump Markov Chain Monte Carlo,RJMCMC)算法(Green,1995)等寻找数据库中与点云相匹配的最佳模型,从而构建 DBM 模型。模型驱动建模方法具有较强鲁棒性,对数据质量要求较低,在部分点云缺失情况下也能够较好地完成建模,模型规则化程度高且不需对建筑点云进行单体化处理,保留了较多的语义信息,但该类方法需要预先建立建筑模型库,不适合复杂建筑物的三维建模。

　　基于数据驱动的建模不需要任何先验知识便能完成相对复杂的建筑物模型重建,在重建规模及速度上具有明显优势。数据驱动将建筑轮廓全部假设为闭合多边形,从输入点云中提取建筑点,然后将建筑面片通过聚类等方法进行屋顶分割、边界提取等一系列单体化处理,提取建筑外边界的特征点和特征线,并依据拓扑规则连接这些点、线特征来完成模型绘制。数据驱动方法具有较强的适用性,能够描述建筑结构的更多细节,但对数据质量要求较高,在噪声点较多或点云缺失严重的情况下无法建模,且语义信息也有较大缺失。

　　综上可以看出,两种建模方法在建筑物重建方面各有利弊,模型驱动对数据质量不敏感,能够快速地构建出规则化更强、拓扑正确且更为美观的建筑模型,但其精度受限于模型库的丰富程度,且无法实现复杂建筑物的三维重建;数据驱动则能够重建出任意形状的建筑模型且包含更多屋顶细节,但其数据处理过程较为复杂。

　　本例介绍一种典型的基于数据驱动的建筑物建模算法并结合实际案例进行说明。该算法流程为:首先从原始点云中检测并提取建筑点云,然后使用分割算法获取屋顶面片,最后综合屋顶面片信息和建筑边界信息构建三维建筑模型。关键步骤包括建筑点云提取、建筑屋顶分割、建筑轮廓线提取和建筑三维模型生成(图 5.25)。本例所用数据为德国摄影测量学会(German Association of Photogrammetry and Remote Sensing)发布的 Vaihingen 数据集(Area 3 数据)。该数据集由 Leica ALS50 机载激光雷达系统于 2008 年 8 月获取,视场角范围为±45°,平均飞行高度为 500 m,平均点云密度是 4 point/m² 。建模精度由 ISPRS Working Group(WG) II/4 组委会评定。

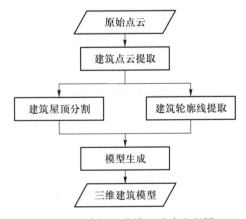

图 5.25　建筑三维模型重建流程图

5.4.1　建筑点云提取

从原始点云中检测并提取建筑点云,技术流程如图 5.26 所示。首先,利用法向量特征以及多回波特征移除点云中明显的墙面点和植被点;然后,使用基于法向量的区域生长算法提取地面点,采用法向量和距离约束来确定是否生长,并将点云数目较少或高程起伏较大的点集视作噪声点;最后,采用连通成分分析方法进行三维欧式空间聚类,使用几何形状(如面积、长宽比)、平均点云密度等特征区分建筑和植被点。

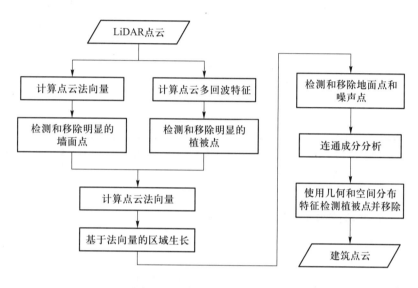

图 5.26　建筑点云提取流程图

5.4.2　建筑屋顶分割

建筑屋顶分割即分离不属于同一平面的屋顶面片,是点云数据进行建筑物三维重建的关键步骤之一。分离的屋顶面片可以反映屋顶的拓扑结构,获取屋顶间的交线和交点,进而构建建筑物模型。

本例介绍一种常用的建筑屋顶点云分割算法——基于法向量区域生长的屋顶分割算法。以 Vaihingen 数据集的 Area 3 数据为例,首先使用点云的协方差特征值检测非平面点(图 5.27b),然后使用基于法向量的区域生长算法检测屋顶平面(图 5.27c),同时考虑该点到平面的距离以及点到平面其他点的距离,分配非平面点云即可获得建筑屋顶(图 5.27d)。此处的非平面点一般是指该点邻域内点云不属于同一个平面,平面点云则是指该点邻域内点云(包括该点)都属于同一个平面。模型精度评价结果表明,基于区域生长的屋顶分割方法正确地提取了建筑屋顶平面,Area 3 数据中面积大于 10 m^2 的屋顶分割准确率为 100%(表 5.3)。

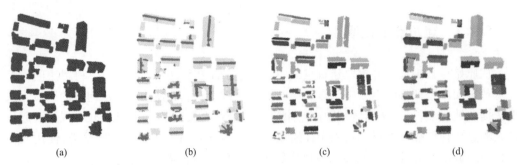

(a)   (b)   (c)   (d)

图 5.27　Area 3 区域屋顶分割：(a) 建筑点云；(b) 非平面点(红色)探测结果；(c) 平面点探测结果；(d) 最终分割结果(参见书末彩插)

表 5.3　Area 3 建筑模型评价结果

数据	Compl. Roof*/%	Corr. Roof**/%	Compl. Roof 10 /%	Corr. Roof 10/%
Area 3	73.2	100	83.1	100

　　* Compl. Roof (10) 指建模结果(或面积大于 10 m² 的屋顶)的召回率；** Corr. Roof (10) 指建模结果(或面积大于 10 m² 的屋顶)的精确率。

5.4.3　建筑轮廓线提取

　　建筑轮廓线(或建筑边界)提取方法主要有两类：一是将点云转换成图像，利用图像处理的边缘检测算法来获取；另一类是直接从点云出发，根据点与点之间的邻接关系等确定拐点，连接各拐点进而生成建筑轮廓，如 α-shape 算法(Edelsbrunner *et al.*, 1983)。通常建筑轮廓一般互相平行或者垂直，而以上两类方法都只能得到建筑物的大致轮廓，存在着不同程度的"锯齿"现象，与真实建筑严重不符，因此在边界提取后还需要对边界线进行规则化，使其更加符合实际。边界规则化是轮廓线提取的关键一步，通常先获取边界的关键点，连接这些关键点形成新的轮廓线，然后通过强制正交使相邻边界由普通相交关系变成垂直关系。

　　通常建筑物轮廓线提取的步骤如下：首先对建筑物点云数据重采样获取栅格点云；然后使用二维 α-shape 算法获取建筑边界，进而利用 RANSAC 算法提取建筑边缘上的线段；最后连接这些线段并调整使其相互平行或者垂直，实现边界规则化。

5.4.4　建筑模型生成

　　建筑物模型生成的关键是获取屋顶间的交线和交点。通常建筑模型生成的步骤包括：利用屋顶的面片方程确定数学交线，并基于屋顶间交线及面片间拓扑关系确定最佳屋顶交线，通过屋顶之间的拓扑图获取屋顶之间的交点，最后结合建筑边界和屋顶交线的交点得到三维建筑模型。

屋顶交线获取算法假设最佳的屋顶交线几乎可以将屋顶面片绝对分开,且是位于数学交线附近的线段。因此,在数学屋顶交线 l_m 基础上,通过在一定范围内(相邻屋顶间的邻近点)变换交线方程并对交线进行评分,选择得分最高的交线作为最佳屋顶交线,计算方法如下:

(1) 根据屋顶分割结果,通过平面方程求交,确定数学上的屋顶交线 l_m(图 5.28a)。

(2) 根据指定范围确定交线有可能存在的区域,变动 l_m 的斜率和中心点位置,得到候选屋顶交线 l_{cand}(图 5.28b)。

(3) 根据相邻屋顶的点云与 l_{cand} 的关系,对 l_{cand} 评分。

(4) 依据评分结果,选择得分最大的直线作为最佳屋顶交线 l_{opt}(图 5.28c)。

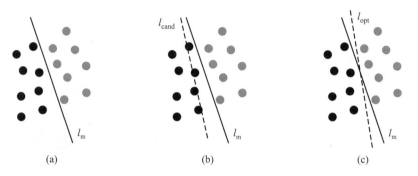

图 5.28　最佳屋顶交线确定:(a)确定数学屋顶交线;(b)确定候选屋顶交线;(c)确定最佳屋顶交线

确定屋顶交线后,通过屋顶间的拓扑关系构建对应的无向图,然后检测图中最小闭合环并确定屋顶之间的交点。根据图 5.29a 中的拓扑关系(平面相交关系)构建图 5.29b 的屋顶拓扑关系无向图,其中每个端点表示一个屋顶平面,而平面之间的连线表明屋顶之间存在交线。通过检测无向图中的最小闭合环确定相交于一点的平面,然后通过这些平面的交线约束求得屋顶交线的交点,结果如图 5.29c 所示。

最后,基于屋顶规则边界和屋顶间的交线交点,通过求屋顶交线与规则边界的交点,即可确定屋顶模型中的其他关键点,进而得到最终的三维模型。最终建筑线框模型如图 5.29d 所示,通过延伸建筑边界至地表得到图 5.29e 所示的三维模型。图 5.30 显示了本例最终的区域建筑模型示意图。

采用均方根值(root mean square,RMS)和 RMSZ(root mean square of z-value,RMSZ)两项指标对本例建模精度进行定量评价:RMS = 0.8 m,RMSZ = 0.1 m。RMS 表示模型二维平面精度,通过将模型投影到 XY 平面,比较建筑边界与参考模型边界的精度。RMSZ 表示建筑模型高程的几何精度,通过比较重建结果和参考数据的 DSM 的差异得到。结果表明,基于点云的边界规则化方法可以获取准确的建筑边界,本例介绍的建筑模型生成方法能够精确获取交线和交点,建模精度较高。

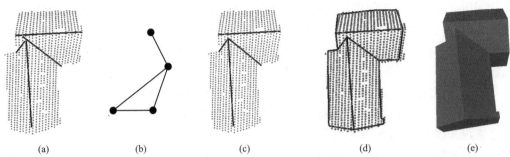

图 5.29   基于拓扑图的建筑三维模型建立:(a)屋顶交线;(b)屋顶拓扑关系;(c)屋顶交点;(d)屋顶线框模型;(e)建筑三维模型

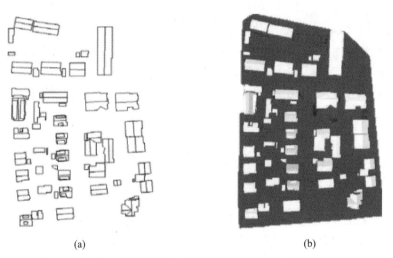

图 5.30   建筑三维模型图:(a)屋顶线框模型;(b)建筑三维模型

5.5   无人驾驶

自动驾驶系统(autonomous driving system,ADS)可实现车辆自主行驶,有效避免人为驾驶因素导致的交通事故,减少人员伤亡和经济财产损失。ADS 系统通常包括环境感知、自主定位、规划决策和执行控制等多个功能模块,其中环境感知使无人车对道路环境进行精确的理解,自主定位为无人车提供自身的空间位置,两者是无人车安全行驶的基础和前提(Yurtsever *et al.*,2020)。近年来,激光雷达开始应用于无人车的环境感知和自主定位,促进了无人驾驶技术的发展。首先,激光雷达点云数据可提供道路环境的高精度三维信息。基于激光点云的环境感知在获得目标类别的同时,利用位置信息可直接确定目标的位置和方向,从而指导无人车的行驶。其次,由激光点云构建的先验地图已广泛用于无人车的自主定位。本节从激光雷达在无人驾驶中的环境感知和自主定位两方面进行介绍。

5.5.1　环境感知

无人车传感器对周围环境不断地进行扫描和监测,提取环境中的重要信息,如车辆、行人等目标的类别、位置和行驶方向,使无人车对道路环境进行充分理解,以指导无人车进行加速、减速、变道和刹停等,保障无人车的行驶安全。具体地,语义分割和目标检测是环境感知的重要组成部分,前者将完整的道路场景细分为多个内部具有相同属性的子部分,后者则对目标的类别、位置等进行判定。相较于二维图像,激光点云提供了目标高精度三维信息且不易受光照条件和恶劣天气影响。本节从语义分割和目标检测两方面介绍激光雷达在无人车环境感知中的应用,并对相关方法进行描述。

1) 语义分割

图像信息提取对图像应用至关重要,但是有用或者感兴趣的信息往往只位于图像中的某些特定区域,例如,基于图像的车辆检测需要获取车辆在图像中的位置,而车辆通常位于图像中的车道上。语义分割用于将完整图像分割为多个子部分,每个子部分像素属于同一类别,从而缩小后续应用的搜索范围。与图像的语义分割类似,点云的语义分割将输入点云数据分割成一系列聚类簇,同一聚类簇的所有点具有相同的类别标签。对于自动驾驶,类别标签包括车辆、行人、建筑、地面、树木、路牌和交通信号灯等。

点云的语义分割可以被定义为:三维空间中存在一组激光点 $X=\{x_1,x_2,\cdots,x_n\}$ 和一组类别标签 $Y=\{y_1,y_2,\cdots,y_k\}$,每一个激光点 $x_i(i=1,2,\cdots,n)$ 都会被分配一个标签 $y_i(j=1,2,\cdots,k)$。图 5.31 展示了某一场景点云的语义分割结果,图中蓝色点被标记为车辆,绿色点被标记为树木,紫色点被标记为建筑,黑色点被标记为其他地物点。

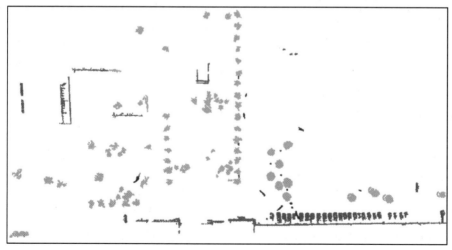

图 5.31　点云语义分割结果(参见书末彩插)

传统的点云语义分割可以通过提取特征(如距离、边缘等)、估计几何形状、监督/非监督学习等方法实现。近年来,深度学习(deep learning)的应用对象已经由图像拓展到三维点云。用于图像的深度学习模型要求输入数据具有规则的结构,无序的、非结构化的点云无法直接输入深度学习图像模型中,因此早期的基于深度学习的点云语义分割需要将点云转换为具有规则结构的数据格式(如图像、体素),而 PointNet、PointNet++网络架构则解决了点云的无序化问题,实现了对点云的直接处理。

目前,已有多种稳定、高效的深度学习模型被用于道路场景点云的语义分割,以满足无人车环境感知的实时性需求。根据输入数据的格式差异,大多数模型可被分为基于图像的模型、基于体素的模型和基于点云的模型(Li *et al*.,2020)。基于图像的模型要求在多个角度分别设置虚拟的图像,将道路场景点云投影到虚拟图像中以生成多视图像。经过投影,无序点云被转换为具有规则结构的图像,因此可直接基于成熟的图像网络框架,进一步构建合适的深度学习模型,实现道路点云的语义分割。基于体素的语义分割总体架构中,点云首先经过体素化处理,然后输入深度学习体素模型中来实现语义分割。基于点云的深度学习模型可直接进行点处理,实现对点云局部及全局特征提取,例如,采用PointNet 从点云中提取特征并用于后续模型的学习,最终完成点云的语义分割。

2) 目标检测

图像可清晰地记录道路场景,因此基于图像的目标检测被广泛用于无人车的环境感知。目标检测包括目标类别确定和空间位置计算两个过程。尽管采用单一相机或者多相机系统可以估计目标在道路场景中的位置,但是相关的特征匹配过程增加了时间开销,且位置估计的精度仍然有待提高。激光点云包含高精度位置坐标,因此基于点云的目标检测可直接获取目标位置。

基于点云的目标检测通常可表达为一个带有类别标签的 3D 边界框(bounding box),该边界框为包含目标的最小长方体,可近似表示目标的位置、类别和方向。3D 边界框定义为(x,y,z,h,w,l,θ,c),其中(x,y,z)为边界框的中心坐标,表示目标的位置;l、w、h分别表示边界框的长、宽、高;c为目标类别(与点云语义分割中的类别相同);θ表示目标的方向(Li *et al*.,2020)。图 5.32a、b 分别表示检测过程中的初始和输出边界框,θ为以(x,y,z)为中心、由初始边界框获得输出边界框所需的旋转角度。图 5.32c 表示某道路场景点云的目标检测结果,车辆和行人等目标的检测结果以 3D 边界框和类别标签进行显示。

道路场景中的点云数据含有较多路面点,通常作为干扰点与其他检测目标相连接,因此可以将路面点去除,既减小点云数据量,又可在一定程度上避免对其他目标检测造成干扰。例如,通常采用边缘线识别方法对路面点进行提取,具体步骤为:首先通过设定点云平均高程阈值剔除道路场景中的部分非道路点云;然后沿路面横截面方向将道路分为多个子路段,以降低路面起伏的影响;最后利用道路边缘点云通常具有较高强度值的特点,提取每个子路段的边缘点并拟合为较为光滑的边缘线,路面两端边缘线之间的点即为路面点云。

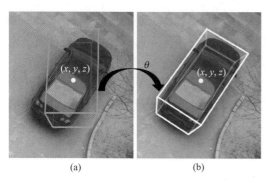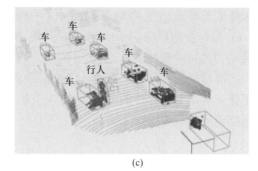

图 5.32　点云目标检测

传统的点云目标检测通常将点云进行聚类(如欧氏聚类或区域生长方法),并通过分析聚类簇的特征判断其类别。例如,根据高度、反射强度、平面性和尺寸等特征对道路场景点云中的交通标示牌进行检测。此外,机器学习也可用于交通标示牌检测,例如,将超体素分割与霍夫森林框架相结合,从车载 LiDAR 点云中检测汽车、路灯杆、交通标志牌等目标。

深度学习模型也被广泛用于基于点云数据的道路环境目标实时检测。与语义分割类似,深度学习模型包括基于图像的模型、基于体素的模型和基于点云的模型。基于图像的模型一般首先将点云投影为图像(如点云场景的俯视图),然后利用深度学习模型对目标进行检测,最后将目标反投影到点云以实现目标在点云中的边界框获取。基于体素的模型则将点云体素化为三维格网进行处理,最终输出目标边界框。基于点云的模型,通常可分为三个步骤:①点云被模型分割为多个聚类簇,以获得待检测目标的粗略位置;②从待检测目标所在的区域提取特征;③根据特征计算目标边界框以完成检测。近年来,融合语义分割与目标检测任务的点云实例分割在无人驾驶点云处理领域正逐步受到重视,旨在将语义信息与独立目标检测的结果进行合并输出。

5.5.2　自主定位

精确的自主定位是无人车安全行驶的保障。融合 GNSS 和 IMU 等可实现无人车的自主定位,然而 GNSS 在建筑密集区域或隧道的定位精度降低甚至无法定位。同步定位与制图(simultaneous localization and mapping,SLAM)可精确定位,但是提高稳定性和降低计算开销仍是 SLAM 用于自动驾驶所面临的挑战。目前,广泛采用基于先验地图的定位方法:首先采用激光点云构建先验地图(如高精度地图),然后将车载激光雷达采集的点云与先验地图进行匹配以获取无人车的位置。本节围绕基于先验地图的定位方法对激光雷达在无人车定位中的应用进行介绍,首先以高精度地图生产为例,简要说明先验地图的构建,然后对相关的定位方法进行概述。

1)高精度地图生产

作为一种先验地图,高精度地图包含大量的行车辅助信息,如车道线的位置、引导标志的位置和类型、交通灯的位置等。这些辅助信息为无人车提供了位置参考。激光雷达采集的三维点云是高精度地图生产的重要数据源,可用于生成点云地图(point cloud map)和标注地图(annotated map)等,前者提供地物的位置信息,后者提供地物的类别以及地物之间的拓扑关系,如车道线、人行道等。

高精度地图的生产分为外业数据采集、后台数据处理、人工验证及发布三个步骤。为了保证道路要素标注的准确性,以人工和半自动化相结合的方式进行点云标注仍然是高精度地图的主要生产方式。

2) 基于先验地图的无人车定位

由激光点云构建的先验地图记录了道路场景的位置信息,大多数情况下,车道附近的地物(如建筑、路灯等)变化较小,因此无人车可通过寻找激光雷达采集的点云与先验地图的最佳匹配来实现定位。图 5.33 为采用点云匹配进行无人车定位的示意图(Yurtsever et al.,2020),其中白色点是先验地图中的点云,彩色点是无人车采集的点云;先验地图所在坐标系为全局坐标系,无人车采集的点云位于以车载激光雷达为原点的局部坐标系,最佳匹配时,局部坐标系原点在全局坐标系中的坐标即为无人车的位置。

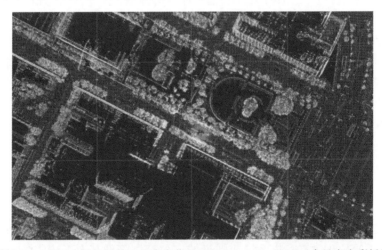

图 5.33　基于先验地图的无人车定位(Yurtsever et al.,2020)(参见书末彩插)

道路场景的标志性地物可用于基于先验地图的定位。首先从无人车采集的点云中提取路沿、路灯和交通灯等标志性地物,然后将标志性地物的点云与先验地图进行对比获取最佳匹配。基于先验地图的定位精度依赖于道路场景中的标志性地物,当标志性地物较少时,该方法的性能有待提高。

目前,基于先验地图的定位主要采用匹配和 GNSS 相结合的定位方案。首先由 GNSS 和航位推算(dead reckoning)获得无人车在先验地图中的粗略位置,然后将无人车采集的点云在粗略位置附近与先验地图进行迭代匹配,找到最佳匹配位置,从而实现无人车的精准定位。

5.6 农作物监测

激光雷达遥感在农作物监测中的应用包括株高和叶长估算、叶面积指数（leaf area index，LAI）、叶面积体密度（leaf area volume density，LAVD）、叶倾角分布（leaf angle distribution，LAD）、光合有效辐射吸收比率（fraction of absorbed photosynthetically active radiation，FPAR）和地上生物量反演等（Su *et al.*，2018；Nie *et al.*，2016；Qin *et al.*，2017&2018；谷成燕，2018）。从数据源方面看，有的直接利用机载或地基 LiDAR 全波形或点云数据，有的融合 LiDAR 和高光谱/多光谱数据。从反演方法看，有通过多元统计回归建立 LiDAR 特征参数和结构参数之间的统计回归模型，也有基于 LiDAR 特征参数构建农作物参数物理反演模型。本节以玉米作物为例，介绍 LiDAR 数据在农作物冠层参数反演中的应用。

5.6.1 种植区识别

在进行玉米冠层参数反演之前，需要先识别玉米种植区。传统的作物识别通常基于高光谱/多光谱遥感影像，采用监督分类等方法实现。近年来，激光雷达数据或者融合激光雷达与光学影像已用于植被（或作物）分类与识别（Li *et al.*，2015；Qin *et al.*，2017），如提取激光雷达和光学影像的一些分类特征，包括点云或波形特征、反射率特征等，进而输入分类器进行作物分类或者识别。以机载 LiDAR 全波形数据为例，玉米种植区的识别通常包括三个步骤：①对全波形数据进行波形分解；②提取各个波形组分的振幅、回波宽度、混合比值参数、高度、对称性参数和垂直分布等特征参数；③基于这些特征参数并利用某种分类器对玉米种植区域进行识别。

5.6.2 茎叶分离

为精确估算玉米结构参数，通常需要将 LiDAR 数据按照玉米组分进行分离。法线差分（Difference of Normal，DoN）法是一种常用的识别玉米茎叶点云的方法。该方法在两个不同搜索半径尺度上计算点云法线的差异，其中玉米叶片和茎秆具有不同的几何特征，DoN 方法可检测出其中的差异并分离玉米茎叶点云。具体来说，该方法是对点云中任意点 p 在两个尺度上计算点云法线，其 DoN 运算符 Δn 定义如下：

$$\Delta n(p,r_1,r_2) = [n(p,r_1) - n(p,r_2)]/2 \tag{5.8}$$

其中，$\Delta n(p,r_1,r_2)$ 是两个尺度上的法线方向之差，r_1 和 r_2 分别是两个搜索半径尺度，且 $r_1 < r_2$。

图 5.34a、b 显示了玉米植株点云在搜索半径尺度 $r_1 = 0.1$ m、$r_2 = 1$ m 下的提取结果，图 5.34c、d 分别显示了提取的玉米叶片和茎秆点云的放大图。可以看出，大多数茎、叶得到较好分离，但也存在部分点的茎、叶法线相似而不能正确分离。

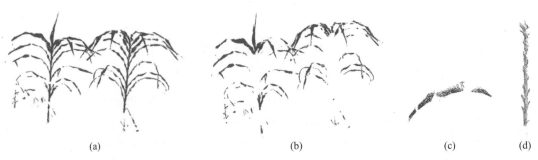

图 5.34   玉米茎叶分离 :(a)原始 LiDAR 点云;(b)识别出的玉米叶片回波点云;(c)玉米叶片回波点云的放大图;(d)茎秆回波点云的放大图

5.6.3   叶倾角分布估算

叶倾角分布(LAD)是冠层结构的重要参数,不同 LAD 的冠层对太阳辐射的削弱作用不同,直接影响冠层对太阳辐射的截获量,因此作物 LAD 的精确估算是农业定量遥感中的关键和难点。常见的叶倾角分布有 5 类:①球面分布:叶倾角连续随机分布,方位角随机;②锥面分布:叶倾角全部为[0°,90°]内的一个固定值,方位角随机;③水平分布:叶倾角全部为 0°,方位角随机;④垂直分布:叶倾角全部为 90°,方位角随机;⑤椭球分布:叶倾角呈连续椭球面分布,方位角随机。目前,最常用的分布为 Campbell 椭球分布函数(Campbell,1990):

$$g(\alpha) = \frac{2\chi^3 \sin\alpha}{A(\cos^2\alpha + \chi^2 \sin^2\alpha)^2} \tag{5.9}$$

其中,α 为叶倾角且 $0 \leqslant \alpha \leqslant \dfrac{\pi}{2}$,$g(\alpha)$ 为 α 的概率密度;χ 为椭球分布参数,表示为椭球水平半轴和垂直半轴的比值。A 是与 χ 有关的参数,其值为

$$A = \begin{cases} \chi + \dfrac{\sin^{-1}\varepsilon}{\varepsilon} & \chi < 1, \varepsilon = (1-\chi^2)^{\frac{1}{2}} \\ 2 & \chi = 1 \\ \chi + \dfrac{\ln[(1+\varepsilon)/(1-\varepsilon)]}{2\varepsilon\chi} & \chi > 1, \varepsilon = (1-\chi^{-2})^{\frac{1}{2}} \end{cases} \tag{5.10}$$

在椭球分布函数中,χ 是一个不确定的参数,可以利用激光点云提取不同生育期玉米的椭球分布参数 χ:

$$\chi^2 = \frac{1}{3\sin^2\alpha_{max}} + 1 \tag{5.11}$$

其中,α_{max} 是频率最高的叶片倾角。

本例选取河北省保定市四个地区(涿州、高碑店、定兴、容城)玉米的四个关键生育期(拔节期、大喇叭口期、抽丝期、乳熟期)进行激光雷达扫描(Su et al.,2019),通过计算茎叶分离后叶片点云的法向量,得到四个生育期的叶倾角分布比例,根据式(5.11)进一步

计算 χ 值(表5.4),可以看出,最大叶倾角概率密度在 7 月 10 日(拔节期)为 $40° \sim 50°$,7 月 26 日(大喇叭口期)和 8 月 19 日为(抽丝期) $50° \sim 60°$,9 月 4 日(乳熟期)为 $60° \sim 70°$。

表 5.4　四个关键生育期玉米叶倾角分布的比例

日期	χ	叶倾角的比例(占总数的百分比)/%								
		$0° \sim 10°$	$10° \sim 20°$	$20° \sim 30°$	$30° \sim 40°$	$40° \sim 50°$	$50° \sim 60°$	$60° \sim 70°$	$70° \sim 80°$	$80° \sim 90°$
7 月 10 日(拔节期)	1.223	7.83	11.33	14.2	16.1	16.68*	15.05	10.63	5.68	2.5
7 月 26 日(大喇叭口期)	1.206	6.49	8.98	10.73	12.42	14.18	15.41*	14.67	11.1	6.02
8 月 19 日(抽丝期)	1.214	7.1	10.11	11.3	11.89	13.4	14.79*	14.02	10.85	6.54
9 月 4 日(乳熟期)	1.195	6.17	8.76	10.02	10.73	12.19	14.54	15.79*	13.53	8.27

注: * 表示占总数比例最高的区间。

5.6.4　叶面积体密度估算

叶面积指数(LAI)定义为单位面积内叶片单片面积的总和,叶面积体密度(LAVD)定义为单位高度单位体积内叶子单面面积之总和,两者关系为 $LAI = \int_0^z LAVD(z)dz$。 $LAVD(z)$ 主要描述叶面积在垂直方向上的变化,它受植被品种、生育阶段及周围环境的影响,是生态过程模型的重要输入变量。

以地基 LiDAR 点云估算 LAVD 为例,具体步骤为:将 LiDAR 点云转换为三维阵列中的三维基元(体素),通过跟踪激光雷达返回位置(图 5.35),对每个体素赋予光线跟踪状态(也称体素状态)。如果激光束被该体素内的植物组织截获,则体素状态标记为 1;如果激光束通过体素,则体素状态标记为 2,该体素状态在激光束被截获的最远体素确定之后再完成赋值;如果未通过任何光束轨迹到达体素,则体素状态标记为 3。据此,基于体素状态对玉米植株 LAVD 进行计算:

$$LAVD(h, \Delta H) = \frac{\cos \theta}{G(\theta)} \cdot \frac{1}{\Delta H} \cdot \ln\left(\sum_{k=1}^{N} \frac{n_i(k)}{n_i(k) + n_p(k)}\right) \qquad (5.12)$$

其中,LAVD 是高度 h 处的叶面积体密度,ΔH 是垂直分层高度间隔,θ 是入射激光束的天顶角;$G(\theta)$ 是单位叶面积在垂直于激光束方向的平面上的投影,N 是点云的体素层数,$n_i(k)$ 为第 k 层中状态为 1 的体素的数量,$n_p(k)$ 为第 k 层中状态为 2 的体素的数量。

利用在中国农业大学西校区温室大棚内获取的地基 LiDAR 扫描点云,采用上述方法对玉米 LAVD 进行计算。经实测数据验证,平均绝对百分比误差分别为 24.5% 和 15.7%,表明该方法可从地基 LiDAR 点云中精确估算玉米 LAVD 垂直剖面,LAVD 剖面累积值即为玉米 LAI(Su *et al.*,2018)。

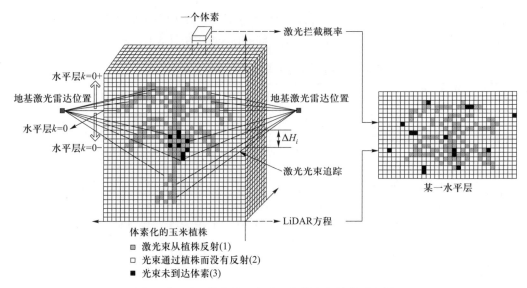

图 5.35   基于体素的玉米叶面积体密度计算示意图

5.6.5   光合有效辐射吸收比率估算

光合有效辐射(photosynthetically active radiation,PAR)是指能被绿色植物用于光合作用的光谱为 400 ~700 nm 的太阳辐射。光合有效辐射吸收比率(FPAR)是植被吸收的 PAR 占总入射 PAR 的比例,反映了植被对光能的吸收能力。FPAR 垂直分布剖面描述了 FPAR 随植被冠层高度的变化,可用于精确监测植被(或作物)生长和健康状况,可由冠层回波能量与总回波能量之比的垂直分布剖面表示。以机载全波形 LiDAR 数据计算 FPAR 垂直剖面为例,具体步骤为:利用全波形数据可表征激光回波能量的特点,基于式(5.13)计算高度 z 以上的累积能量比;基于式(5.14)计算单层能量比;将所有层的单层能量比组合即生成能量比垂直分布剖面(Qin $et\ al.$,2017)。

$$E_r(z) = \frac{R_v(z)}{R_v(0)} \cdot \frac{1}{1 + \frac{\rho_v}{\rho_g} \cdot \frac{R_g}{R_v(0)}} \tag{5.13}$$

$$E_l(i) = E_r(z_{i,t}) - E_r(z_{i,b}) \tag{5.14}$$

其中,$E_r(z)$ 为高度 z 以上的累积能量比,R_g 为地面回波能量,$R_v(z)$ 为从冠层顶部到高度 z 处的累积回波能量,$R_v(0)$ 为冠层顶部到冠层底部的累积回波能量,ρ_g 和 ρ_v 分别为地面和冠层反射率,$E_l(i)$ 是层 i 的能量比,$z_{i,t}$ 和 $z_{i,b}$ 分别是层 i 的顶部和底部高度。

本例在中国科学院怀来生态试验站内随机选取 16 个玉米地块并测量了所有地块的 FPAR 及其垂直分布剖面后,用上述方法进行玉米 FPAR 估算。部分样方的 LiDAR 能量比垂直分布剖面和地面实测玉米 FPAR 垂直分布剖面如图 5.36 所示,横坐标表示从底部到顶部的垂直分层,每层的垂直间距为 0.5 m。可以看出,实测玉米 FPAR 垂直剖面和估算 FPAR 剖面具有相同的趋势和相似的变化率;对所有垂直分层,LiDAR 能量比值较地面

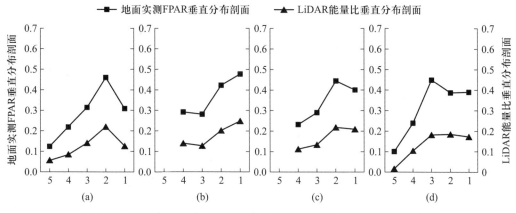

图 5.36 地面实测玉米 FPAR 垂直分布剖面和 LiDAR 能量比垂直剖面

实测玉米 FPAR 值略微偏小。此外,单层实测 FPAR 和估算 FPAR 的最小值大多出现在最上层,最大值都出现在最低两层。这是因为玉米冠层顶部的叶片通常相对稀疏,而从顶层到下层,叶片数量会先迅速增加,然后保持恒定或略有减少。

 FPAR 垂直剖面的累积值即为该样方内的玉米 FPAR。基于整个玉米冠层的估算 FPAR 和实测 FPAR 建立统计回归模型,进一步反演得到整个研究区域的玉米 FPAR 分布图(图 5.37,其中蓝色为道路)。玉米 FPAR 的空间分布差异与不同的施肥、灌溉条件以及种植日期等因素有关。

图 5.37 机载全波形 LiDAR 反演的研究区玉米 FPAR 分布图(参见书末彩插)

5.7　文化遗产保护

　　LiDAR 技术在文化遗产研究中的应用主要包括两个方面,即数字化保护和考古发现。国外学者在两个方面都有较多的研究,我国学者侧重于遗产本体的数字化保护、修复与考古现场记录等方面。

5.7.1　基于地基激光扫描的文化遗产保护

　　地基激光雷达(terrestrial laser scanning,TLS)在文化遗产中的应用主要表现在:①遗址、遗产原始资料存档(海量点云),考古现场数字化记录与保存,如快速获取出土文物、古迹和古建筑物等的高密度三维点云;②为考古现场挖掘提供模型支持;③三维数字模型重建,遗产的抢救性修复、数字化管理等;④基于多时期数据的遗产本体动态变化监测等。

　　1) 遗址、遗产原始资料存档

　　TLS 系统可以非接触、直接获取遗产表面高密度、高精度的三维点云,虽然这些点云呈离散分布,但却包含了目标表面特征的多重属性,如几何拓扑关系、目标反射强度以及色彩信息,即使不通过后期处理,在计算机中也可全方位显示遗产的细节特征、色彩信息和三维空间结构,并可精确量测,特别适于表面几何和纹理丰富的对象。早在 2002 年,美国斯坦福大学利用 TLS 技术对米开朗基罗雕像进行数字化,北京建筑大学对北京故宫太和殿、中国科学院空天信息创新研究院对茶胶寺、华表等进行扫描,获取了其高密度、高精度的三维点云,这是遗产、遗址数字化存档最基本的空间信息,而 TLS 技术也被认为是目前实现这一目标的最佳手段。

　　2) 考古现场数字化记录与保存

　　早期田野考古利用拍摄照片记录和展示考古发掘过程,往往难以定量化且信息不完整,部分遗址信息还可能丢失。TLS 技术在获取考古现场高密度点云后,通过绘制发掘现场高精度的平面图、地层断面图和探方详图等再现发掘现场;可进行遗物的体积量测、分析遗址表面侵蚀情况等,继而实现考古过程的动态展示、数字化记录和变化分析。埃及胡夫金字塔及周围环境考古现场的数字化记录、秦俑二号坑、三星堆遗址一号坑、开封顺天门遗址考古发掘和数字化建设等,TLS 技术都发挥了高效、高精度、全方位和动态实时的数据采集优势。

3）三维数字模型重建

　　当前很多古建筑、石刻石窟、壁画等面临年久失修、自然风化和人为破坏等问题,其精细三维数字模型被认为是当前"抢救"濒临损毁或消失的文化遗产的唯一途径。例如,2007 年,阿富汗巴米扬大佛被毁后,通过精细数字化扫描实现了虚拟重建;2013 年,中国文化遗产研究院对重庆大足石刻中千手观音断指进行了精细扫描和抢救性修复;2014 年,北京大钟寺博物馆永乐大钟及其上 23 万字铭文被数字化和重建。这些三维数字模型可以在网上进行全方位展示、量测和漫游,让人有身临其境之感。我国还曾对首都博物馆馆藏的 40 余件珍贵文物进行精细三维扫描和动态展示。下面以柬埔寨吴哥窟茶胶寺为例,介绍 TLS 技术应用于文化遗产三维数字模型重建的具体步骤(万怡平等,2014)。

　　（1）数据采集。茶胶寺占地面积大(超过 10000 m^2),建筑结构复杂,且为四层金字塔结构,在充分考虑设备性能和数据完整性的前提下,科学合理地架设扫描站。本例采用 Riegl VZ-1000 扫描仪架设 71 个站点,获取了 230 GB 点云和图像数据。

　　（2）数据处理。主要包括点云配准和点云去噪。首先通过同步测量站点的经纬度并定向以直接完成粗配准,再通过多站点匹配完成精配准。为避免连续站点两两配准累积的传递误差,将所有站点数据分成若干区块并分别进行各区块的站点数据联合配准,在保证区块内配准误差较小的情况下进行区块合并,并继续联合配准,直至完成所有站点整体联合配准。进一步进行点云去噪,由于茶胶寺由互相连接交叉的众多立面构成,不存在统一的滤波基准平面,不能完全利用传统的滤波去噪方法,其周围的树、人等非目标点云只能通过人机交互方式进行删除。

　　（3）模型构建。茶胶寺有许多纹理丰富的建筑构件,属于复杂曲面类建筑,一般通过构建三角网的方式来实现。Riegl 自带的 RiScan 软件提供了基于三角网的点云数据模型重建功能,其建模过程为:①根据校正后的纹理图像与点云映射关系,将图像色彩信息赋予相应的点云数据(图 5.38a),得到彩色点云(图 5.38b);②对各站数据进行"Convert to 3D"格式转换,生成软件自定义的三角网数据格式,该过程实际是一种映射操作,将三维点云映射为二维数据并根据二维邻域关系构建三角网;③框选所需创建的三角网数据,构建不规则三角网并自动渲染(图 5.38c);④根据彩色点云对模型重采样完成图像映射,生成真三维模型(图 5.38d);⑤组合各站点构建的三维模型即可完成茶胶寺整体模型重建。

4）遗产本体动态变化监测

　　基于不同时期的三维数字模型可以进行文化遗产动态变化分析和预测。例如,德国汉堡大学获取了太平洋复活岛上数百尊石像的高密度点云数据,通过构建三维数字模型分析这些石像随时间的变形情况;北京建筑大学获取了西藏白居寺吉祥多门塔等复杂建筑的地面点云数据,通过构建模型得到该塔的准确变形数据,为修缮工作提供科学依据。

　　TLS 技术获取考古现场和遗址三维信息的成本低、方式灵活,数据的精度和密度高,

图 5.38   茶胶寺三维建模过程:(a)未赋色原始点云;(b)赋色后点云;(c)未赋色三维模型;(d)赋色后三维模型(参见书末彩插)

更重要的是能获取对象侧面和内部的完整信息,最大限度地解决了传统测绘和非接触的矛盾,因此在古建筑测绘、壁画岩画、馆藏文物以及大型遗址考古现场发掘等方面得到了广泛的应用。

5.7.2   基于机载激光扫描的古遗址发现

植被覆盖地区的古遗址探测是考古领域的主要难点之一,机载激光扫描(airborne laser scanning,ALS)被认为是目前唯一能高精度测量森林覆盖地区地形高程的技术,为密林遥感考古提供了可能,主要在于 ALS 系统高频率激光脉冲可以穿透植被冠层获取林下高密度点云,进而构建高空间分辨率、高精度的 DEM,结合考古资料进行遗址发现。目前,国内还鲜有 ALS 技术应用于古遗址发现方面的成果,国外如英国、德国、荷兰、希腊、爱尔兰、比利时、奥地利、意大利、澳大利亚和美国等在此领域的应用较多,具体介绍如下。

1) ALS 林下考古发展历程

(1) 早期探索阶段。早期 ALS 点云数据每个脉冲仅有 1 个或几个回波、密度低,获取的 DEM 空间分辨率较低,应用非常有限。Sittler(2004)利用基于 ALS 技术获得空间分辨率

1 m、高程精度 50 cm 的 DEM,在莱茵河附近一处密林发现了包括大的石墩、犁垄沟等耕作遗迹覆盖下的中世纪古遗址。Humme 等(2006)利用 ALS 数据通过点云滤波和克里金插值方法,发现了荷兰东部一处青铜器时代(距今约 2500 年)的凯尔特(Celtic)遗址。由于点云密度太低,这些研究大多只能提取粗略的主干道、人行道和古城墙基等遗迹。

(2)广泛应用阶段。ALS 系统脉冲频率、点云密度和 DEM 空间分辨率进一步提高、应用成本不断下降,极大地促进了 ALS 技术在林下考古中的应用。英国发现了埋藏于现代农耕田中的古罗马城堡,直接促成该国的遗产管理机构发起了一项专门针对林下考古调查的 ALS 计划。德国文化遗产管理局专门部署了一个为期 3 年的 ALS 考古应用项目,基于其中的部分数据发展了 LRM(Local Relief Model)考古模型,可以准确、直接地描述局部地面高程和较小遗址的特征信息。

(3)深入应用阶段。前期研究大多利用有限次回波的 ALS 系统,DEM 分辨率和精度受研究对象和周围环境的复杂性影响较大。全波形数字化记录的 ALS 系统可以获得地物垂直方向上更为丰富和精细的结构信息,提高了林下 DEM 的分辨率和精度。奥地利学者 Doneus 等(2008)基于全波形 ALS 数据,分离和剔除非地面点并构建高精度 DEM,通过细微地形差异识别密林中铁器时代的古遗址。

2) 典型考古发现

在众多的 ALS 遥感考古中,影响较大的是美国佛罗里达大学的玛雅新古城考古和澳大利亚悉尼大学牵头的吴哥遗址考古。

2010 年,在美国国家航空航天局资助下,佛罗里达大学利用 ALS 技术获取了伯利兹 Caracol 浓密雨林区的三维空间数据,绘制了林下精细的三维地形图,仅用 4 天时间便发现了玛雅古城此前未知的大量古建筑、古道路和梯田遗迹,重现了一座崭新的玛雅古城堡。与此前考古学家在该地区已经开展了 25 年的田野考古调查工作相比,ALS 技术仅用一个月时间就新发现了近 200 km^2 的古遗迹,是过去 25 年间传统考古发现范围的 8 倍(Chase *et al.*,2010)。2012 年,澳大利亚悉尼大学联合日本、法国、匈牙利、美国、印度尼西亚等国的考古专家,利用直升机搭载 LiDAR 系统获取了柬埔寨吴哥窟遗址及其周边森林区域的点云数据(4~5 point/m^2),制作了吴哥地区高精度三维地图,发现了隐藏于吴哥窟北部库伦山区茂密森林和稻田下的吴哥古城遗迹,重绘了繁荣的吴哥古城(图 5.39)。这一发现不仅扩大了吴哥中心古城遗址的覆盖范围(从 9 km^2 扩展为 35 km^2),而且将吴哥遗址的历史往前推进了 350 年。同时,利用林下的精细三维数字地图,考古学家分析了吴哥古城曾经的城市道路网络、水系、农田分布格局以及城市扩张范围,这些都是以往地面调查和传统遥感考古无法企及的。

3) 水下考古

相对于 ALS,机载测深激光雷达(airborne laser bathymetry,ALB)在近岸的水下考古应用很少,主要是当前的测深 LiDAR 系统远不如陆测型多,而且其应用成本较高。实际应

图 5.39　基于机载 LiDAR 数据的吴哥窟古遗址发现

用中,一些水生植物会阻止激光脉冲到达水底,往往需要采取倾斜扫描方式以加长激光脉冲射程,进而加大单脉冲穿透这些障碍物的机会。Doneus 等(2013)调查了亚得里亚海岸带的古遗址,通过建立水下 LRM 模型来增强局部的微地形特征,发现了淹没于水下的建筑物遗迹(古墙址等),包括一个 80 m×60 m 的平台,结合历史资料推测为古码头遗迹。

5.7.3　机载和地面激光扫描结合考古

TLS 和 ALS 各有其自身的优势和不足,在大遗址保护中两者结合可产生较好的应用效果。2007 年,河北省测绘部门在国内首次利用机载和地面 LiDAR 对山海关长城的古城墙进行了空中和地面的全面扫描,同时利用系统自带的高分辨率数码相机,构建了高精度高清晰度的真三维山海关数字模型,为修复工作提供重要的数据和模型支持(曹力,2008)。近年来,武汉大学利用 TLS 技术扫描敦煌莫高窟的壁画和佛像结构信息,构建壁画和佛像的三维数字模型;利用 ALS 结合现代近景摄影测量与遥感技术,对敦煌莫高窟九层楼及周围环境进行全面扫描和测绘,实现"数字敦煌",为敦煌遗产管理和修复提供技术支持(常永敏等,2011)。与常规的三维建模相比,ALS 和 TLS 相结合不仅大幅节约了大型文化遗产数字化和三维建模的人力和经费成本,而且提高了效率和精度。

5.8　室内三维建模与导航

随着智慧城市、数字孪生城市等建设的不断推进,人们对富含语义信息且拓扑正确的建筑物内部空间精细三维模型的需求越来越大。建筑物室内空间的三维模型能够为应急救灾、导航与位置服务、智能建筑物、城市作战等提供基础数据保障。传感器技术(如光学相机、激光雷达)和计算机三维视觉技术的发展为室内环境三维数据获取提供了可靠且丰富的数据来源。利用室内环境三维数据重建具有精细几何结构、内部丰富语义特征和空间复杂布局拓扑的室内场景模型,也是实时追踪导航与定位的基本前提。然而,与室外空间不同,室内空间的主体结构布局约束和实体要素间的相互遮挡给精细三维重建与导航应用带来严峻挑战。激光点云数据因其可以捕获目标的清晰几何结构和空间上下文信息,在室内精细三维建模与导航应用方面优势显著。

5.8.1 基于点云的室内三维建模

当前室内空间三维重建过程通常是针对某一特定的室内应用需求,综合几何、语义、拓扑三类空间信息,用于矢量化实体要素的几何结构,添加实体要素对应的名称、类型等语义信息,恢复不同实体要素间存在的连通和邻接等拓扑关系。因此,基于点云的室内三维建模研究大致包括三个方面:精细几何模型构建、丰富语义标注和复杂空间拓扑重建。

1) 精细几何模型构建

侧重于建筑物主体结构实体要素和内部附属设施的几何轮廓参数化和纹理映射建模研究。现有研究多集中于利用参数稳健估计方法(如法线估计法、最小二乘估计法、区域增长法、随机抽样一致性法、贝叶斯抽样一致性法、深度学习等),首先对建筑物主体结构的实体要素(如墙体、地面、天花板等)以某种几何基元(如直线、平面等)为基础模型进行拟合和参数化,然后以某种假定几何空间布局(如面面正交)为规则化约束条件来生成建筑物三维主体结构的几何轮廓模型(Kang et al.,2016;Liu et al.,2018)。同时,为了提供高真实感的室内三维几何模型,三维室内场景纹理自动生成和动态更新的方法也在不断完善和改进。随着室内空间布局的多样化和复杂化,致力于解决具有复杂几何结构(如圆柱壁、球形天花板、其他非平面结构等)室内空间建模的研究也在逐步展开(Wu et al.,2021)。对于基于室内位置服务的应用需求,包含更多细节的室内空间结构要素和内部附属设施的细粒度室内三维模型更受关注。

2) 丰富语义标注

侧重于借助机器学习、深度学习等场景分析手段,实现对建筑物室内空间和内部附属设施的结构信息、物品功能等语义属性信息的描述和分析研究(Khan et al.,2014)。由于点云数据的杂乱无序性,通常先将其按照一定准则组织成一组同质几何基元的集合,然后以人为设计的几何特征、光谱特征和纹理特征对组成室内实体要素几何基元的外观和几何形态进行描述和表达,作为常用语义标注模型(如决策树、支持向量机、随机森林)的输入进行自动分类。由于遮挡、光照差异、相似结构众多等因素,仅利用这些底层视觉特征往往不能稳健地表达室内相同实体要素的相似性,不能区分不同实体要素间的差异性,因而难以取得理想的语义标注效果。卷积神经网络借助其层次化金字塔构架设计的一系列端到端模型框架,高效捕获不同尺度上下文的时空信息,能有效挖掘室内场景语义标注的高级语义特征,提高语义标注的精度和效率。

3）复杂空间拓扑重建

室内空间因受房间、门窗等物理环境结构的限制，其复杂的拓扑结构和多样的空间约束（如连通约束、障碍约束）难以归纳为在欧氏几何空间中的"邻域、包含、不相交"等空间关系。对室内空间实体要素间拓扑结构的表达和认知，可以更好地服务于室内导航与位置服务、气体扩散模拟、逃生自救模拟等室内应用，建立其固定的从属、连通和邻接等空间约束。因此，复杂空间拓扑重建工作主要关注各类室内空间主体要素和信息的有效提取、组织、管理和存储，以室内网络拓扑结构图（如不规则三角网、节点-边、规则网格等）显式地表达和简化室内场景中各室内空间实体要素的连通和邻接等空间约束。以点云数据作为数据源，首先从中识别和提取出感兴趣的实体要素（如房间、门窗、楼梯、走廊等），然后根据某一特定室内应用的需求定义所提取的感兴趣实体要素的对应属性（如是否可导航），再将定义的感兴趣实体要素以一种或多种基元（如规则栅格、不规则三角形、节点）来表示和组织，最后结合基元语义（如开口、障碍物）恢复它们之间的拓扑关系。除此之外，基于同步定位与制图（SLAM）的移动传感器技术也逐步成熟，可便捷地获取室内环境实时上下文数据，也可借助其移动轨迹等辅助信息提高室内实体要素提取与拓扑重建的精度和效率。

下面以室内环境拓扑重建的真实案例（Yang *et al.*，2021），详细阐述如何从原始点云生成拓扑正确的精细室内三维导航地图模型，流程如图 5.40 所示。首先，利用机器学习/深度学习等监督学习工具对原始的室内三维点云进行处理，获取包含语义信息的点云数据，其中语义类别主要包括门、墙、地面等（图 5.40 上图）。在此基础上，根据具有特定独立功能的基本单元的定义，将距离变换图和分水岭分割算法相结合，使用一种基于建筑主体结构引导的房间分割方法，将室内空间分解为一组具有特定独立功能且互不重叠的基本单元，从而自适应地跟踪和定位垂直元素（如墙）的位置（图 5.40 左图）。

除了获取互不重叠的基本单元外，还需重建它们之间的拓扑关系，以决定其实际连通情况。门作为一个公共开口，通常被认为是连接相邻基本单元的过渡空间，在基本单元连通关系分析中起着桥梁的作用。本案例基于语义标注后的三维点云，采用基于门引导的拓扑重构方法（图 5.40 右图），具体包括实体门重建与虚拟门重建两部分。

在实体门重建中，实体门存在关闭、半打开和全开这三个状态。这些不确定的状态会给基于门的拓扑重建带来困扰。如图 5.41 所示，一个全开状态的门从房间 2 的内部来看，有两个检测到的门：一个关闭状态的门似乎允许用户进入房间 1，另一个打开状态的门让用户进入走廊空间（图 5.41a）；显然前者是不合理的，因为门是可通行的，当且仅当门能从房间 1 和房间 2 被检测（或看见）时才是可通行的（图 5.41b）。本例设计模拟门模型来修正和更新门扇的真实位置以实现基本功能单元间拓扑关系的校正。该门校正模型推导门扇的真实位置，以修正空间的连接关系（图 5.41c、d）。

在虚拟门重建方面，室内环境往往存在着一种可以使用户从一个空间移动到另一个空间的、具有相似的可导航功能的公共边界面。虽然这种特殊的公共边界面上并不存在

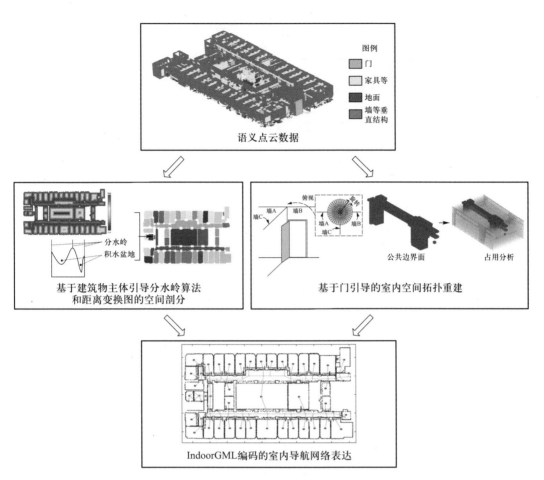

图 5.40 语义引导的室内场景导航网络重建与编码流程图（参见书末彩插）

实体门,但也提供了相邻空间基本单元间的通道,称为"虚拟门"。为了检测这些虚拟门,利用类似遮挡分析的方法建立空间基本单元间公共边界面的三维占用图（图 5.42）,以此判断是否存在虚拟门,并在拓扑网络图中连接相关空间基本单元。

最后,基于已划分的独立基本单元与基于门引导生成的拓扑关系图,生成用于室内空间导航的拓扑网络图（图 5.40 下图）。为支持不同平台的室内导航系统,本例参考 OGC（Open Geospatial Consortium）标准中的 IndoorGML 定义,重构了室内三维地图的表达。由于基于 XML 模式定义的 IndoorGML 可以方便地转换和编码生成的室内导航网络,因此点云生成的三维拓扑地图可以应用到任意平台。

5.8.2 基于点云的室内导航

室内导航是指移动主体通过传感器感知周围环境并获取自身位姿,在有障碍物的室内环境中朝着目标位置进行自主运动。由于室内空间的无/弱 GNSS 信号特性,主要分为环境地图事先已知的室内导航和基于 SLAM 的室内导航,具体介绍如下。

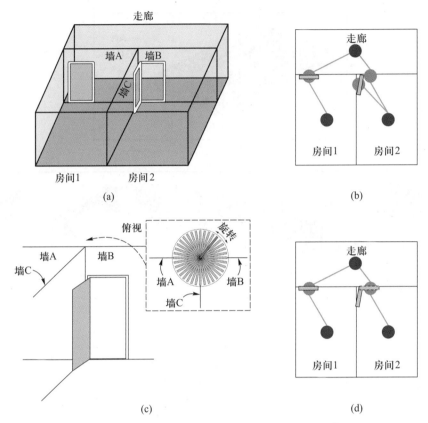

图 5.41　用于空间连通校正的门模型示意图：(a)门的全开状态示意图(房间 2)；(b)对应的连接关系；(c)定义的门模型；(d)拓扑校正对应的连接关系

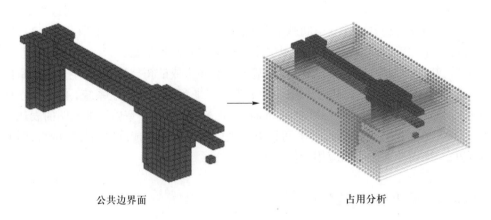

公共边界面　　　　　　　　　　　　　占用分析

图 5.42　基于模拟光线的公共边界面可通行性分析(参见书末彩插)
蓝色为点云体素，红色为被占用的体素，绿色表示空体素

1) 环境地图事先已知的室内导航

提前对室内环境包含的几何、语义、拓扑等空间信息和信号(如地磁场、Wifi 指纹等)建模以构建全局地图,并将其保存在移动主体内存数据库中。在定位和导航时,移动主体通过自身搭载的传感器系统对环境空间信息和信号进行采样并构建局部地图,并将该局部地图与移动主体内部存储的全局地图进行模式匹配以推导出移动主体在全局环境下的实时位姿。

2) 基于 SLAM 的室内导航

在未知环境中,移动主体搭载的传感器(如激光雷达、光学相机)在运动过程中通过重复观测地物特征来确定自身位置和姿态,并通过增量式的地图构建,在定位移动主体位置的同时完成未知场景的地图构建。相比光学相机等传感器,激光雷达因其具备环境光照变化不敏感、三维观测等优势,广泛应用于室内场景测图、三维重建等领域。在 LiDAR-SLAM 框架内,每一帧的点云可以通过特征提取,然后利用迭代最近点(ICP)等相关算法进行逐帧配准,接着在构建地图过程中,不断更新传感器在空间中的位置和姿态信息,最终重建传感器路径轨迹与三维环境。相比环境地图事先已知的方法,LiDAR-SLAM 框架可以实现在线/实时的点云数据处理,其移动轨迹数据也可作为空间剖分和解译应用的辅助数据,给室内导航元素的实时提取和快速拓扑重建提供可靠的辅助手段。

总之,室内环境三维建模有力推动了室内位置与导航服务等室内应用的快速发展。本节对室内环境三维精细建模和导航应用的相关算法进行了简要介绍,以期为相关研究的开展提供借鉴和参考。当前的室内三维几何重建方法通常基于强曼哈顿世界假设,而在深度学习层次化框架下的多任务协作优化,实现更复杂空间布局的室内三维建模将成为新研究热点。而且,对于复杂动态的室内场景,动态实体要素在时间和空间维度上会呈现出相似的形状和外观。因此,对三维空间信息序列时空一致性的探索也将是一个亟待关注的方向。此外,由于室内-室外环境在物理结构、实体间空间关系等存在显著差异,室内-室外空间的无缝一体化建模也是未来的研究重点之一。

5.9　小　　结

激光雷达的应用很多,限于篇幅,本章仅介绍其在几个典型行业的应用,包括地形测绘中地表模型构建、等高线生成,林业调查中提取单木参数、林分参数、树种分类以及区域制图,电力巡检中输电通道点云分类、三维重建以及安全分析,建筑三维重建中建筑点云提取、屋顶分割与轮廓线提取、模型生成,无人驾驶中环境感知和自主定位,农作物生长监测中种植区识别、叶倾角和 FPAR 估算、数字考古和文化遗产数字化与保护,以及室内三维建模与导航。

习　　题

（1）简述利用激光雷达技术进行 DEM、DSM、等高线产品生产的流程。

（2）列举五种激光雷达能够提取的植被结构参数，并简述其提取方法。

（3）简述一种基于机载激光雷达数据的单木分割算法。

（4）简述基于机载激光点云数据的建筑物建模算法流程。

（5）思考激光雷达技术在农业应用中的优势和劣势。

（6）思考高精度地图与传统导航地图的区别，以及激光点云可用于高精度地图生产的原因。

（7）简述一种机载 LiDAR 电力廊道典型地物分类的方法。

（8）简述机载 LiDAR 电力巡检中，电力线与电力塔三维重建的主要步骤。

第 6 章

激光雷达遥感展望

激光雷达已经和成像光谱、成像雷达并列为对地观测领域的三大前沿技术,在国民经济和社会发展中发挥着举足轻重的作用。特别是近十几年来,全波形、光子计数、高光谱等新型激光雷达相继出现,激光雷达系统研制、数据处理软件和行业应用蓬勃发展,进一步推动了激光雷达遥感的应用领域和市场潜力。本章在系统分析当前国内外激光雷达遥感研究进展的基础上,从激光雷达传感器发展、大数据时代推动激光雷达数据处理以及激光雷达综合应用等方面,简要介绍激光雷达的未来发展趋势和方向。

6.1 传感器性能

21 世纪以来,商业化激光雷达设备的研制工作进入爆发期,国内外许多科研机构和商业公司都开展了激光雷达系统的研制工作,激光雷达市场已形成百花齐放的状态。随着技术的不断成熟,激光雷达传感器正朝着高性能、低成本、小型化的方向发展;具有更高的测距精度、更大的扫描范围、更快的扫描频率、更窄的光束发散角、更远的测量距离的激光雷达系统不断推陈出新。

低成本、轻小型激光雷达系统逐渐成为市场的主流,在获取数据的便捷性、数据质量等方面均具有极大优势。因此在保证设备高性能前提下,降低设备价格、减小其体积和质量,已成为各商家占领激光雷达市场的关键。例如,2020 年美国苹果公司发布的 iPad Pro 2020 摄像头配备了激光扫描仪,使 LiDAR 进入消费级市场,为更多用户所熟知。该设备上的 LiDAR 对物体远近的环境位置有更强的感知能力,增强用户的 AR 体验。此外,iPad Pro LiDAR 还可实现地物的三维扫描(图 6.1),采集的数据可通过第三方软件转换成点云。

图 6.1   iPad Pro LiDAR 用于地物扫描

6.2   新型传感器

随着遥感应用需求的不断增加,各种新型 LiDAR 系统不断涌现,高光谱、固态、量子激光雷达等丰富了 LiDAR 遥感及其应用的深度和广度。

1)高光谱/多光谱激光雷达

目前绝大部分激光雷达系统多采用单波长(近红外 1064 nm 或者 1550 nm 等)或者双波长(绿光 532 nm 和近红外 1064 nm)激光。高光谱/多光谱 LiDAR 是一种新型 LiDAR 技术(Morsdorf *et al.*,2009;林沂等,2019),具备空间三维和光谱信息一体化探测能力,已成为对地观测的前沿研究领域。

高光谱/多光谱 LiDAR 系统的一个重要应用是植被生理参数的垂直反演。传统的单波段激光雷达缺乏光谱信息,仅能用于植被三维结构探测,难以应用于植被生化组分反演;高光谱/多光谱成像技术虽然能够获取丰富的光谱信息,并用于反演植被光学属性和影响光学属性的叶绿素、含水量、氮含量等生化参数,但其仅能实现空间二维反演。高光谱/多光谱 LiDAR 数据能够获取不同波段下的激光雷达回波,反映不同垂直高度下的植被光谱(图 6.2),这些特点使其有望成为未来高精度反演植被生理(结构+生化)参数的最佳手段,提升遥感技术在森林病虫害监测、农作物估产等方面的监测水平。

目前,国内外多家机构已经开展多光谱 LiDAR 系统研发。Optech 公司于 2014 年推出了世界上第一台机载多光谱 LiDAR 系统"泰坦"(Titan),配备有三个独立的激光波段(532 nm、1064 nm、1550 nm),同时包含光谱和几何信息,被证明仅需要使用非常简单的分类算法就可以实现高精度地物分类。国内武汉大学、中国科学院空天信息创新研究院

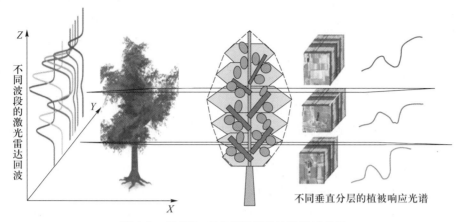

图 6.2　高光谱/多光谱激光雷达数据示意图

也开展了多光谱激光雷达研制工作,取得了初步的研究成果。相较于多光谱 LiDAR,高光谱 LiDAR 能够获取更加丰富的光谱信息(龚威等,2021)。

2) 固态激光雷达

传统的激光雷达为机械式扫描,体积大、价格高、精密装配困难,直接限制了其应用范围。在此情况下,固态激光雷达作为一种解决方案受到了广泛关注。该技术无须部署电动机或齿轮,即可将激光束对准整个环境。目前,固态 LiDAR 的实现方式有微机电系统(micro-electro-mechanical system, MEMS)、面阵闪光(Flash)技术和光学相控阵(optical phased array,OPA)技术。

MEMS 采用微扫描振镜结构进行激光束偏转,但是扫描范围受限于振镜的偏转范围。Flash 技术采用类似照相机的工作模式,感光元件的每个像素点可以记录光子飞行的时间信息,由此能够输出具有深度信息的"三维"图像,但该技术视场角受限,扫描速率较低。OPA 扫描技术是基于微波相控阵扫描理论和技术发展起来的新型光束指向控制技术,具有无惯性器件、精确稳定、方向可任意控制等优点,其工作原理为:激光器功率均分到多路相位调制器阵列,光场通过光学天线发射,在空间远场相干叠加形成一个具有较强能量的光束;经过特定相位调制后的光场在发射天线端产生波前的倾斜,从而在远场反映成光束的偏转,通过施加不同相位,可以获得不同角度的光束形成扫描的效果,无须机械扫描。

固态技术的紧凑芯片特性使 LiDAR 不仅更坚固,而且还有助于节省扫描仪内的结构空间,使扫描仪达到极小的尺寸并降低成本。由于体积小,固态激光雷达可以集成到车辆、基础设施和建筑结构中。特别是在汽车领域,"得固态 LiDAR 者,得自动驾驶天下"已成为行业共识,为汽车 LiDAR 传感器提供同时具有美观和鲁棒性的解决方案。我国镭神智能、北科天绘、速腾聚创、禾赛科技等已开始在 MEMS 激光雷达领域开展研究,但仍未大规模商用;北醒科技、光珀智能、华科博创等公司在 Flash 激光雷达领域不断推出产品。Quanergy 公司将相控阵激光雷达引入商业视野,正研发适用于车内传感系统和无人驾驶汽车的全固态激光雷达。总之,具有大扫描角度、高分辨率等性能的全固态、小型化激光雷达仍然需要进一步的研究。

3) 量子激光雷达

量子激光雷达是激光雷达技术和量子信息技术相融合的产物,相较于传统激光雷达,它具有抗干扰性强、高灵敏度、高距离分辨率和角分辨率等优点,已经成为当前激光雷达领域研究热点之一。

量子激光雷达的优势体现在两个方面:①量子信息技术中的信息载体为单个量子,信号的产生、调制和接收、检测的对象均为单个量子,因此整个接收系统具有极高的灵敏度,即量子接收系统的噪声基底极低。相比经典激光雷达的接收机,量子系统的噪声基底能够降低若干个数量级。若忽略工作频段、杂波和动态范围等因素,量子激光雷达的作用距离可以提高数倍甚至数十倍,从而大大提升对微弱目标乃至隐身目标的探测能力。②量子信息技术中的调制对象为量子态,具有比经典时、频、极化等更加高阶的信息,即调制信息维度更高。从信息论角度,通过对高维信息的操作,可以获取更多的性能。对于目标探测而言,通过高阶信息调制,可以在不影响积累得益的前提下,进一步压低噪声基底,从而提升微弱目标检测的能力。从信号分析角度,通过对信号进行量子高阶微观调制,使得传统信号分析方法难以准确提取接收信号中调制的信息,从而提升在电子对抗环境下的抗侦听能力。

目前,继我国自主研制的世界首颗量子科学试验卫星"墨子号"成功发射后,由电子科技集团第 14 研究所领衔研制的量子雷达取得突破性进展,完成了量子探测机理、目标散射特性研究以及量子探测原理的实验验证,并于 2016 年成功研制了基于单光子检测的量子激光雷达系统。

6.3 激光雷达大数据

多平台 LiDAR 观测系统与智能计算技术的快速发展为 LiDAR 技术进步甚至变革提供了难得的机遇。在数据处理方面,LiDAR 在历经以统计数学模型为核心的处理时代、以遥感信息物理量化为标志的定量 LiDAR 遥感时代之后,正逐渐进入一个以数据模型驱动、大数据智能分析为特征的 LiDAR 遥感大数据时代。

1) 多平台并存、多源数据融合

随着激光雷达技术的民用化和商业化,激光雷达数据不断涌现,为多行业应用提供了海量、多源(多平台、波形、光子、不同密度、不同精度等)数据。高效整合海量 LiDAR 数据,建立集数据、结构、功能为一体的 LiDAR 数据模型,并从中获取准确、可靠的三维信息,既是科学研究的前沿,也是各类应用的迫切需求(杨必胜和董震,2019)。

不同平台获取的 LiDAR 数据各具优势,利用多源 LiDAR 数据进行地表信息提取已成为 LiDAR 实际应用的重要手段。机载 LiDAR 能够获取大范围的地表空间结构,但是由于密集林区冠层遮挡,无法获取树木的胸径和枝下高等信息,而地基 LiDAR 能够获取精细的森林结构,但其扫描范围有限,无法获取冠层顶部信息,两种数据融合可以优势互补,为林业调查提供完整的冠层结构信息(Goodwin *et al*.,2017)。

实际应用中,多源 LiDAR 数据的精准匹配始终是数据处理和定量应用需要解决的关键难题,点云密度相差大、观测尺度不匹配等问题都为配准和定量反演带来挑战。此外,融合多源 LiDAR 数据、挖掘其中丰富的地表信息,也是实际应用的重点和难点。目前,一些先进的人工智能、深度学习方法为多源 LiDAR 数据融合提供了新的研究思路(Xi *et al*.,2020)。

遥感观测平台和激光雷达传感器的多样化为地表监测提供了丰富的数据源。高光谱/多光谱影像可以提供 LiDAR 数据无法提供的光谱信息,而 LiDAR 数据又可以提供光谱影像缺少的垂直结构信息,融合两种数据可提高土地利用分类、植被参数提取、农作物监测等应用水平(Luo *et al*.,2016;Wang *et al*.,2017)。但是,这些研究大多采用一些无物理原理的经验模型。未来,需从物理原理出发,建立不同遥感观测平台间的物理联系,挖掘 LiDAR 数据与其他遥感数据所蕴含的更丰富更精确的地物信息。

2) 激光雷达大数据时代

大数据时代的 LiDAR 数据具有数据量大(volume)、类型繁多(variety)、价值密度低(value)和速度快时效高(velocity)的特点。LiDAR 大数据时代的到来为获取最大的有用价值提供了前所未有的空间和潜力,也对分析数据和利用数据的能力提出了新的挑战,可从以下几个方面开展研究:

(1)建立以资源目录和元数据为核心的 LiDAR 数据共享平台。在 LiDAR 快速发展的今天,已开展了各种 LiDAR 数据获取实验,收集了海量的 LiDAR 数据。但是由于没有形成开放共享的有效机制,各数据生产单位之间相互保密,使得大量投入产生的海量 LiDAR 数据无法共享,难以充分发挥数据应有的效益。因此,应建立 LiDAR 数据共享平台,整合分散的 LiDAR 数据资源,构建面向全社会的智能化管理与共享服务体系,促进 LiDAR 科学数据共享服务。

(2)发展 LiDAR 深度学习算法,实现三维信息智能化提取。海量不规则的 LiDAR 点云数据格式以及对准确性和效率的要求给 LiDAR 数据处理带来了新挑战。大数据时代下催生出的深度学习算法迫切需要向三维 LiDAR 迁移。随着深度学习的不断突破和三维点云数据的可及性,3D 深度学习已经在 2D 深度学习的基础上取得了一系列显著的成果,如基于 3D 深度学习的点云语义分割和场景理解、目标检测和目标分类等。但是,深度学习的理论和技术研究还远未达到 LiDAR 实际应用的需求,从网络结构、学习算法和性能分析上都有待深入研究和不断完善。

(3)亟需研发具有高处理性能、面向行业用户免费的 LiDAR 数据智能处理软件。目前,国内外企业界和学术界已经开发了多种针对点云处理的商用软件和开源软件,如国外的 TerraSolid、CloudCompare 和国内的点云魔方 PCM、LiDAR360 等,然而这些软件重点主要集中在点云数据的管理、面向 DEM 生产的滤波、三维建筑物提取及重建、森林垂直结构参数提取、输电线路巡检等方面,点云数据处理软件的智能化、自动化、满足工程应用的功能化方面还有待进一步提高。

6.4　激光雷达综合应用

当前激光雷达已广泛应用于基础测绘、林业资源调查、电力巡检、数字城市、无人驾驶、遗产保护、极地冰盖监测、矿山测量等诸多领域,为国民经济、社会发展和科学研究等提供了技术支撑,并产生了巨大的经济和社会效益。随着计算机技术、自动控制技术、导航定位技术的飞速发展,激光雷达技术日新月异,激光雷达市场潜力巨大。

1) 激光雷达卫星计划促进全球地表产品向高精度高分辨率方向发展

激光测高卫星作为对地观测的重要手段,具备主动获取全球地表三维信息的能力,为全球范围立体测图提供服务。ICESat/GLAS 在制作全球地表产品方面发挥重要作用(Lefsky,2010;王成等,2015),但受激光采样频率等因素限制,通过插值或外推得到的标准产品分辨率不高且精度较低。2018 年以来,美国 ICESat-2/ATLAS、GEDI 和我国高分七号卫星相继成功发射,我国陆地生态系统碳监测卫星 TECIS-1(Terrestrial Ecosystem Carbon Inventory Satellite)和美国地表地形激光测量计划 LIST(LiDAR Surface Topography)也正在部署实施中(图 6.3)。这些卫星的激光测高载荷所获取的地表信息更精细,将为绘制全球尺度地表高程控制点、植被结构参数、森林生物量、地形坡度等产品带来新的机遇,推动这些产品向更高精度、高分辨率方向发展。

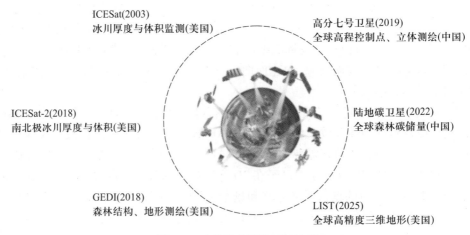

图 6.3　中美激光测高卫星计划

2）激光雷达促进自然资源监测从二维向三维转变

高效监测自然资源变化，准确及时地掌握山水林田湖草系统变化情况，是实现经济高质量、可持续发展的基础工作，也是建设美丽中国、保障生态文明建设的根本载体。光学遥感因其范围广、速度快、精度高等特点，已经成为自然资源监测的有效手段，但仅适用于自然资源类型、数量、分布等二维信息的获取，且易受天气影响。激光雷达为获取各类资源精细的三维结构提供了可能，可应用于不同尺度（全球-区域-景观-样方-个体）土地、林业、海洋、矿产、草地、水体、湿地等自然资源的三维动态监测（郭庆华等，2014）。其中，星载激光雷达运行轨道高、观测范围广，用于获取全球尺度的三维信息数据；机载激光雷达已经广泛应用于区域-景观尺度的地表三维结构信息提取及其动态变化监测；地面激光雷达为小尺度或单一目标的精细三维信息获取提供了重要手段。不同平台的激光雷达系统在不同尺度自然资源监测中各具优势，同时随着单光子、多光谱、高光谱等新型激光雷达的出现，实现多源、多平台（空天地）、多尺度激光雷达协同应用，将有望解决目前难以获取大范围、高精度、多波段激光雷达数据的困境，在未来的自然资源全要素、全属性的三维动态监测中表现出巨大潜力（李玉美等，2021）。

3）激光雷达技术推动智慧城市进一步发展

目前，"数字地球""智慧地球"的概念已深入人心，"智慧城市"越来越多地跃入公众视野，并成为城市发展的新趋势。在智慧城市建设过程中，以三维地理空间信息为载体、各种前端传感器为基础和 5G 通信手段为核心，搭建智慧城市物联网（internet of things，IoT）平台，且以人工智能（artificial intelligence，AI）技术架设三维信息与智慧城市中智慧人文、智慧医疗、智慧交通和智慧安防等应用的桥梁，将提升城市管理的信息化和智能化水平，实现城市的进一步迭代升级。智慧城市建设依赖高效高精度城市三维信息获取，激光雷达为实景三维重建及动态更新提供数据和技术支撑。而虚拟现实（virtual reality，VR）和增强现实（augmented reality，AR）实现了三维空间信息从现实获取到三维重建的转变，满足人们对真实三维空间认知的需求。同时，三者结合将推动实景三维快速、高效发展，满足信息化时代智慧城市建设对数据的需求。

4）激光雷达技术助力自动驾驶

随着人工智能技术的发展与完善，全球诸多行业已悄然发生改变。其中，为人们出行提供便捷的汽车行业正以全新姿态融入人工智能的发展中，自动驾驶俨然成为汽车行业的未来。高精度自主定位、环境感知和高精度地图等都是自动驾驶不可回避的话题，激光雷达技术在其中扮演了相当重要的角色，而高精度定位由 GNSS 结合激光雷达、惯性测量单元等完成。此外，自动驾驶的实现还需要考虑环境感知，而激光雷达能够实时感知环境信息，主动探测且较少受外界因素影响，成为自动驾驶领域不可或缺的传感器。高精度地图可以为车辆运行提供先验的地图信息,在高精定位、环境感知、路径规划以及仿真实验中起到重要作用,激光雷达为厘米级高精度地图提供了保障。

6.5　小　　结

激光雷达已成为当前三维空间信息获取不可或缺的技术手段,其发展更是日新月异。本章在系统分析当前国内外激光雷达遥感研究进展的基础上,从激光雷达传感器发展、大数据时代对激光雷达数据处理以及激光雷达综合应用等方面,简要介绍了激光雷达的未来发展趋势和方向。

习　　题

(1) 结合自己的认识,谈谈当前激光雷达还有哪些待解决的技术问题以及待深入研究的方向?

(2) 激光雷达能够制作的全球地表产品有哪些?

(3) 高光谱/多光谱激光雷达相比常用的单波段激光雷达具有哪些优势?

(4) 试选择一个激光雷达已广泛应用的行业,谈谈激光雷达在该行业已开展的具体应用,并设想在该行业可能拓展的应用方向。

参 考 文 献

蔡来良,王姗姗,袁广林,谷淑丹,宋德云.2018.一种利用水平截面法分析高压线塔倾斜度的误差模型.测绘通报,(5):71-76.

曹力.2008.多重三维激光扫描技术在山海关长城测绘中的应用.测绘通报,(3):31-33.

常永敏,张帆,黄先锋,刘刚.2011.基于激光扫描和高精度数字影像的敦煌石窟第196、285窟球幕图像制作.敦煌研究,(6):96-100.

陈日升,张贵忠.2007.激光安全等级与防护.辐射防护,27(5):314-320.

陈向宇,云挺,薛联凤,刘应安.2019.基于激光雷达点云数据的树种分类.激光与光电子学进展.56(12):203-214.

戴永江.2002.激光雷达原理.北京:国防工业出版社.

丁少鹏,刘如飞,蔡永宁,王鹏.2019.一种顾及地形的点云自适应坡度滤波方法.遥感信息,34(4):108-113.

范滇元.2003.中国激光技术发展的回顾与展望.科学中国人,(3):33-35.

葛亮天,卢小平,王玉鹏,卢遥,李团好.2010.多测站激光点云数据的配准方法.测绘通报,(11):15-17.

郭庆华,刘瑾,陶胜利,薛宝林,李乐,徐光彩,李文楷,吴芳芳,李玉美,陈琳海,庞树鑫.2014.激光雷达在森林生态系统监测模拟中的应用现状与展望.科学通报,59(6):459-478.

韩文军,左志权.2012.基于三角网光滑规则的LiDAR点云噪声剔除算法.测绘科学,37(6):153-154.

贺岩,胡善江,陈卫标,朱小磊,王永星,杨忠,朱霞,吕德亮,黄田程,习晓环,瞿帅,姚斌.2018.国产机载双频激光雷达探测技术研究进展.激光与光电子学进展,55(8):082801.

黄克标,庞勇,舒清态,付甜.2013.基于ICESat/GLAS的云南省森林地上生物量反演.遥感学报,17(1):165-179.

赖旭东.2010.机载激光雷达基础原理与应用.北京:电子工业出版社.

李孟麟,左建章,朱精果,孟柘.2013.双通道三维成像激光雷达技术研究.测绘科学,38(3):49-51.

李玉美,郭庆华,万波,秦宏楠,王德智,徐可心,宋师琳,孙千惠,赵晓霞,杨默含,吴晓永,魏邓杰,胡天宇,苏艳军.2021.基于激光雷达的自然资源三维动态监测现状与展望.遥感学报,25(1):381-402.

李增元,刘清旺,庞勇.2016.激光雷达森林参数反演研究进展.遥感学报,20(5):1138-1150.

林沂,张萌丹,张立福,江森.2019.高光谱激光雷达谱位合一的角度效应分析.遥感技术与应用,34(2):225-231.

刘春,陈华云,吴杭彬.2010.激光三维遥感的数据处理与特征提取.北京:科学出版社.

刘洋,习晓环,王成,聂胜,王濮.2020.一种改进的渐进加密三角网点云滤波算法.测绘科学,45(5):106-111.

宁津生,姚宜斌,张小红.2013.全球导航卫星系统发展综述.导航定位学报,1(1):3-8.

欧斌.2014.地面三维激光扫描技术外业数据采集方法研究.测绘与空间地理信息,37(1):106-108,112.

强希文,张辉,屠琴芬,袁仁峰,李钟敏.2000.激光雷达信号大气衰减效应.应用光学,21(4):21-25.

汤国安,赵牡丹,杨昕,周毅.2010.地理信息系统(第二版).北京:科学出版社.

唐新明,李国元,高小明,陈继溢.2016.卫星激光测高严密几何模型构建及精度初步验证.测绘学报,45(10):1182-1191.

万怡平,习晓环,王成,王方建.2014.TLS 技术在表面复杂文物三维重建中的应用研究.测绘通报,(11):57-59.

王成,习晓环,骆社周,李贵才.2015.星载激光雷达数据处理与应用.北京:科学出版社.

王平华,习晓环,王成,夏少波.2017.机载激光雷达数据中电力线的快速提取.测绘科学,42(2):154-158.

王濮,邢艳秋,王成,习晓环.2019.一种基于图割的机载 LiDAR 单木识别方法.中国科学院大学学报,36(3):385-391.

吴伟仁,于登云,王赤,刘继忠,唐玉华,张熇,张哲.2020.嫦娥四号工程的技术突破与科学进展.中国科学:信息科学,50(12):1783-1797.

谢宏全,谷风云,李勇,孙美萍.2014.基于激光点云数据的三维建模应用实践.武汉:武汉大学出版社.

杨必胜,董震.2019.点云智能研究进展与趋势.测绘学报,48(12):1575-1585.

杨必胜,梁福逊,黄荣刚.2017.三维激光扫描点云数据处理研究进展、挑战与趋势.测绘学报,46(10):1509-1516.

张小红.2007.机载激光雷达测量技术理论与方法.武汉:武汉大学出版社.

张小红,刘经南.2004.机载激光扫描测高数据滤波.测绘科学,29(6):50-53.

张祖勋,张剑清.1997.数字摄影测量学.武汉:武汉大学出版社.

朱求安,张万昌,余钧辉.2004.基于 GIS 的空间插值方法研究.江西师范大学学报(自然科学版),(2):183-188.

朱笑笑,王成,习晓环,王濮,田新光,杨学博.2018.多级移动曲面拟合的自适应阈值点云滤波方法.测绘学报,47(2):153-160.

Ankerst M,Breunig M M,Kriegel H P,Sander J.1999.OPTICS:Ordering points to identify the clustering structure.*ACM Sigmod Record*,28(2):49-60.

Bartels M,Wei H.2010.Threshold-free object and ground point separation in LiDAR data.*Pattern Recognition Letters*,31(10):1089-1099.

Besl P J,McKay N D.1992.A method for registration of 3D shapes.*IEEE Transactions on Pattern Analysis and Machine Intelligence*,14(2):239-256.

Blair J B,Hofton M A.1999.Modeling laser altimeter return waveforms over complex vegetation using high resolution elevation data.*Geophysical Research Letters*,26(16):2509-2512.

Blair J B,Rabine D L,Hofton M A.1999.The Laser Vegetation Imaging Sensor:a medium-altitude,digitisation-only,airborne laser altimeter for mapping vegetation and topography.*ISPRS Journal of Photogrammetry and Remote Sensing*,54(2-3):115-122.

Boudraa A O,Cexus J C,Saidi Z.2013.EMD-based signal noise reduction.*Proceedings of World Academy of Science Engineering and Technology*,1(1):33-37.

Breiman L.2001.Random forests.*Machine Learning*,45(1):5-32.

Campbell G S.1990.Derivation of an angle density function for canopies with ellipsoidal leaf angle distributions.*Agricultural and Forest Meteorology*,49(3):173-176.

Cavanaugh J F,Smith J C,Sun X L,Bartels A E,Ramos-Izquierdo L,Krebs D J,McGarry J F,Trunzo R,Novo-Gradac A M,Britt J L,Karsh J,Katz R B,Lukemire A T,Szymkiewicz R,Berry D L,Swinski J P,Neumann G A,Zuber M T,Smith D E.2007.The Mercury Laser Altimeter instrument for the MESSENGER mission.*Space Science Reviews*,131(1-4):451-479.

Chase A F,Chase D Z,Weishampel J F.2010.Lasers in the jungle:Airborne sensors reveal a vast maya landscape.*Archaeology*,63(4):27-29.

Chen C F, Li Y Y, Li W, Dai H F. 2013. A multiresolution hierarchical classification algorithm for filtering airborne LiDAR data.*ISPRS Journal of Photogrammetry and Remote Sensing*,82:1-9.

Chen J M, Black T A.1992.Defining leaf area index for non-flat leaves.*Agricultural and Forest Meteorology*,15(4):421-429.

Chen S C, Wang C, Dai H Y, Zhang H B, Pan F F, Xi X H, Yan Y G, Wang P, Yang X B, Zhu X X, Ardana A. 2019.Power pylon reconstruction based on abstract template structures using airborne LiDAR data.*Remote Sensing*,11(13):1579.

Comaniciu D, Meer P.2002.Mean shift:A robust approach toward feature space analysis.*IEEE Transactions on Pattern Analysis and Machine Intelligence*,24(5):603-619.

Cortes C, Vapnik V.1995.Support-vector networks.*Machine Learning*,20(3):273-297.

Disney M I, Lewis P E, Bouvet M, Prieto-Blanco A, Hancock S. 2009. Quantifying surface reflectivity for spaceborne lidar via two independent methods.*IEEE Transactions on Geoscience and Remote Sensing*,47(9):3262-3271.

Doneus M, Briese C, Fera M, Janner M.2008.Archaeological prospection of forested areas using full-waveform airborne laser scanning.*Journal of Archaeological*,35(4):882-893.

Doneus M, Doneus N, Briese C, Pregesbauer M, Mandlburger G, Vcrghoeven G.2013.Airborne laser bathymetry detecting and recording submerged archaeological sites from the air.*Journal of Archaeological Science*,40(4):2136-2151.

Drake J B, Dubayah R O, Clark D B, Knox R G, Blair J B, Hofton M A, Chazdon R L, Weishampel J F, Prince S. 2002. Estimation of tropical forest structural characteristics using large-footprint lidar. *Remote Sensing of Environment*,79(2):305-319.

Du S S, Liu L Y, Liu X J, Zhang X W, Gao X L, Wang W G.2020.The solar-induced chlorophyll fluorescence imaging spectrometer (SIFIS)onboard the first Terrestrial Ecosystem Carbon Inventory Satellite (TECIS-1): Specifications and prospects.*Sensors*,20(3):815.

Dubayah R, Blair J B, Goetz S, Fatoyinbo L, Hansen M, Healey S, Hofton M, Hurtt G, Kellner J, Luthcke S, Armston J, Tang H, Duncanson L, Hancock S, Jantz P, Marselis S, Patterson P L, Qi W L, Silva C.2020.The Global Ecosystem Dynamics Investigation:High-resolution laser ranging of the Earth's forests and topography. *Science of Remote Sensing*,1:100002.

Duda R O, Hart P E.1972.Use of the Hough transformation to detect lines and curves in pictures.*Communications of the ACM*,15(1):11-15.

Edelsbrunner H, Kirkpatrick D, Seidel R.1983.On the shape of a set of points in the plane.*IEEE Transactions on Information Theory*,29(4):551-559.

Ester M, Kriegel H-P, Sander J, Xu X.1996. A density-based algorithm for discovering clusters in large spatial databases with noise.*Kdd*,96(24):226-231.

Feng B K, Zheng C, Zhang W Q, Wang L G, Yue C R. 2020. Analyzing the role of spatial features when cooperating hyperspectral and LiDAR data for the tree species classification in a subtropical plantation forest area.*Journal of Applied Remote Sensing*,14(2):1-26.

Fischler M A, Bolles R C.1981.Random sample consensus:A paradigm for model fitting with applications to image analysis and automated cartography.*Communications of the ACM*,24(6):381-395.

Gastellu-Etchegorry J-P, Yin T G, Lauret N, Grau E, Rubio J, Cook B D, Morton D C, Sun G Q.2016.Simulation of satellite, airborne and terrestrial LiDAR with DART (I):Waveform simulation with quasi-Monte Carlo ray tracing.*Remote Sensing of Environment*,184:418-435.

Goodenough A A, Brown S D. 2017. DIRSIG5:Next-generation remote sensing data and image simulation framework.*IEEE Journal of Selected Topics in Applied Earth Observations and Remote Sensing*, 10（11）: 4818–4833.

Goodwin N R, Armston J D, Muir J, Stiller I. 2017. Monitoring gully change: A comparison of airborne and terrestrial laser scanning using a case study from Aratula, Queensland.*Geomorphology*,282:195–208.

Govaerts Y M, Verstraete M M. 1998. Raytran: A Monte Carlo ray-tracing model to compute light scattering in three-dimensional heterogeneous media. *IEEE Transactions on Geoscience and Remote Sensing*, 36（2）: 493–505.

Green P J. 1995. Reversible jump Markov chain Monte Carlo computation and Bayesian model determination. *Biometrika*,82(4):711–732.

Harding D J, Blair J B, Rabine D L. 2000. SLICER airborne laser altimeter characterization of canopy structure and sub-canopy topography for the BOREAS northern and southern study regions: Instrument and data product description. National Aeronautics and Space Administration, Goddard Space Flight Center.

Harding D J, Carabajal C C. 2005. ICESat waveform measurements of within footprint topographic relief and vegetation vertical structure.*Geophysical Research Letters*,32(21):L21S10.

Harding D J, Lefsky M A, Parker G G, Blair J B. 2001. Laser altimeter canopy height profiles: Methods and validation for closed-canopy, broadleaf forests.*Remote Sensing of Environment*,76(3):283–297.

Hartigan J A, Wong M A. 1979. Algorithm AS 136: A K-means clustering algorithm.*Journal of the Royal Statistical Society*,28(1):100–108.

Hofton M A, Minster J-B, Blair J B. 2000. Decomposition of laser altimeter waveforms. *IEEE Transactions on Geoscience and Remote Sensing*,38(4):1989–1996.

Howland G A, Dixon P B, Howell J C. 2011. Photon-counting compressive sensing laser radar for 3D imaging. *Applied Optics*,50(31):5917–5920.

Huang N E, Shen Z, Long S R, Wu M C, Shih H H, Zheng Q, Yen N C, Chi C T, Liu H H. 1998. The empirical mode decomposition and the Hilbert spectrum for nonlinear and non-stationary time series analysis.*Proceedings of the Royal Society A:Mathematical Physical and Engineering Sciences*,454(1971):903–995.

Humme A, Lindenbergh R, Sueur C. 2006. Revealing Celtic fields from lidar data using kriging based filtering. *Proceedings of the ISPRS Commission V Symposium*, Dresden,25–27 Sep., Vol.XXXVI,part 5.

Kamousi P, Lazard S, Maheshwari A, Wuhrer S. 2016. Analysis of farthest point sampling for approximating geodesics in a graph.*Computational Geometry*,57:1–7.

Kang Z Z, Zhong R F, Wu A, Shi Zhen W, Luo Z F. 2016. An efficient planar feature fitting method using point cloud simplification and threshold–independent BaySAC. *IEEE Geoscience and Remote Sensing Letters*, 13（12）:1842–1846.

Khan S H, Bennamoun M, Sohel F, Togneri R. 2014. Geometry driven semantic labeling of indoor scenes.*European Conference on Computer Vision*.8689:679–694.

Kobayashi H, Iwabuchi H. 2008. A coupled 1-D atmosphere and 3-D canopy radiative transfer model for canopy reflectance, light environment, and photosynthesis simulation in a heterogeneous landscape.*Remote Sensing of Environment*,112(1):173–185.

Koenig K, Höfle B. 2016. Full-waveform airborne laser scanning in vegetation studies—A review of point cloud and waveform features for tree species classification.*Forests*,7(12):198.

Kopsinis Y, McLaughlin S. 2009. Development of EMD-based denoising methods inspired by wavelet thresholding. *IEEE Transactions on Signal Processing*,57(4):1351–1362.

Korhonen L, Korpela I, Heiskanen J, Maltamo M. 2011. Airborne discrete-return LiDAR data in the estimation of vertical canopy cover, angular canopy closure and leaf area index.*Remote Sensing of Environment*,115(4): 1065–1080.

Krabill W B, Abdalati W, Frederick E B, Manizade S S, Martin C F, Sonntag J G, Swift R N, Thomas R H, Yungel J G. 2002. Aircraft laser altimetry measurement of elevation changes of the Greenland ice sheet: Technique and accuracy assessment. *Journal of Geodynamics*, 34(3−4): 357−376.

Krabill W, Collins J, Link L, Swift R, Butler M. 1984. Airborne laser topographic mapping results. *Photogrammetric Engineering and Remote Sensing*, 50(6): 685−694.

LeCun Y, Bengio Y, Hinton G. 2015. Deep learning. *Nature*, 521(7553): 436−444.

Lefsky M A. 2010. A global forest canopy height map from the Moderate Resolution Imaging Spectroradiometer and the Geoscience Laser Altimeter System. *Geophysical Research Letters*, 37(15): L15401.

Lefsky M A, Keller M, Pang Y, De Camargo P B, Hunter M O. 2007. Revised method for forest canopy height estimation from Geoscience Laser Altimeter System waveforms. *Journal of Applied Remote Sensing*, 1(1): 013537.

Li D, Guo H, Wang C, Dong P, Zuo Z. 2016. Improved bore−sight calibration for airborne light detection and ranging using planar patches. *Journal of Applied Remote Sensing*, 10, 024001.

Li G Y, Guo J Q, Tang X M, Ye F H, Zuo Z Q, Liu Z, Chen J Y, Xue Y C. 2020. Preliminary quality analysis of GF-7 satellite laser altimeter full waveform data. *The International Archives of Photogrammetry, Remote Sensing and Spatial Information Sciences*, 43: 129−134.

Li W, Niu Z, Wang C, Huang W, Chen H, Gao S, Li D, Muhammad S. 2015. Combined use of airborne LiDAR and satellite GF−1 data to estimate leaf area index, height, and aboveground biomass of maize during peak growing season. *IEEE Journal of Selected Topics in Applied Earth Observations and Remote Sensing*, 8(9): 4489−4501.

Li X, Strahler A H. 1988. Modeling the gap probability of a discontinuous vegetation canopy. *IEEE Transactions on Geoscience and Remote Sensing*, 26(2): 161−170.

Li Y, Ma L, Zhong Z, Liu F, Chapman M A, Cao D, Li J. 2020. Deep learning for LiDAR point clouds in autonomous driving: A review. *IEEE Transactions on Neural Networks and Learning Systems*, 1−21.

Liu C, Wu J Y, Furukawa Y. 2018. FloorNet: A unified framework for floorplan reconstruction from 3D scans. *European Conference on Computer Vision*. 11210: 203−219

Luo S Z, Wang C, Xi X H, Nie S, Zhou G Q. 2019. Estimating forest aboveground biomass using small−footprint full−waveform airborne LiDAR data. *International Journal of Applied Earth Observation and Geoinformation*, 83: 101922.

Luo S Z, Wang C, Xi X H, Zeng H C, Li D, Xia S B, Wang P. 2016. Fusion of airborne discrete−return LiDAR and hyperspectral data for land cover classification. *Remote Sensing*, 8(1): 3.

Maas H G, Vosselman G. 1999. Two algorithms for extracting building models from raw laser altimetry data. *ISPRS Journal of Photogrammetry and Remote Sensing*, 54(2): 153−163.

Mandlburger G, Lehner H, Pfeifer N. 2019. A comparison of single photon and full waveform lidar. *ISPRS Annals of Photogrammetry, Remote Sensing and Spatial Information Sciences*, 4: 397−404.

Markus T, Neumann T, Martino A, Abdalati W, Brunt K, Csatho B, Farrell S, Fricker H, Gardner A, Harding D, Jasinski M, Kwok R, Magruder L, Lubin D, Luthcke S, Morison J, Nelson R, Neuenschwander A, Palm S, Popescu S, Shum C, Schutz B E, Smith B, Yang Y K, Zwally J. 2017. The ice, cloud, and land elevation satellite-2 (ICESat−2): science requirements, concept, and implementation. *Remote Sensing of Environment*, 190: 260−273.

Mongus D, Zalik B. 2012. Parameter-free ground filtering of LiDAR data for automatic DTM generation. *ISPRS Journal of Photogrammetry and Remote Sensing*, 67: 1−12.

Morris C N. 1983. Parametric empirical Bayes inference: Theory and applications. *Journal of the American Statistical Association*, 78(381): 47−55.

Morsdorf F, Nichol C, Malthus T, Woodhouse I H. 2009. Assessing forest structural and physiological information content of multi-spectral LiDAR waveforms by radiative transfer modelling. *Remote Sensing of Environment*, 113(10):2152-2163.

Ng A Y, Jordan M I, Weiss Y. 2002. On spectral clustering: Analysis and an algorithm. Conference and Workshop on Neural Information Processing Systems. MIT Press, 849-856.

Nie S, Wang C, Dong P, Xi X. 2016. Estimating leaf area index of maize using airborne full-waveform LiDAR data. *Remote Sensing Letters*, 7 (2):111-120.

Ni-Meister W, Jupp D L B, Dubayah R. 2001. Modeling LiDAR waveforms in heterogeneous and discrete canopies. *IEEE Transactions on Geoscience and Remote Sensing*, 39(9):1943-1958.

North P R J, Rosette J A B, Suárez J C, Los S O. 2010. A Monte Carlo radiative transfer model of satellite waveform LiDAR. *International Journal of Remote Sensing*, 31(5):1343-1358.

Pharr M, Jakob W, Humphreys G. 2016. Physically based rendering: From theory to implementation. *Morgan Kaufmann*.

Popescu S C, Zhou T, Nelson R, Neuenschwander A, Sheridan R, Narine L, Walsh K M. 2018. Photon counting LiDAR: An adaptive ground and canopy height retrieval algorithm for ICESat-2 data. *Remote Sensing of Environment*, 208:154-170.

Qin H, Wang C, Pan F, Xi X, Luo S. 2017. Estimation of FPAR and FPAR profile for maize canopies using airborne LiDAR. *Ecological Indicators*, 83(12):53-61.

Riaño D, Meier E, Allgower B, Chuvieco E, Ustin S L. 2003. Modeling airborne laser scanning data for the spatial generation of critical forest parameters in fire behavior modeling. *Remote Sensing of Environment*, 86(2): 177-186.

Schutz B E, Zwally H J, Shuman C A, Hancock D, DiMarzio J P. 2005. Overview of the ICESat mission. *Geophysical Research Letters*, 32(21):97-116.

Sittler B. 2004. Revealing historical landscapes by using airborne laser scanning. A 3-D model of ridge and furrow in forests near Rastatt (Germany). *International Archives of Photogrammetry and Remote Sensing*, Volume XXXVI, Part 8/W2:258-261.

Smith D E, Zuber M T, Neumann G A, Lemoine F G, Mazarico E, Torrence M H, McGarry J F, Rowlands D D, Head J W, Duxbury T H, Aharonson O, Lucey P G, Robinson M S, Barnouin O S, Cavanaugh J F, Sun X L, Liiva P, Mao D-D, Smith J C, Bartels A E. 2010. Initial observations from the lunar orbiter laser altimeter (LOLA). *Geophysical Research Letters*, 37(18):L18204.

Smith D E, Zuber M T, Solomon S C, Phillips R J, Head J W, Garvin J B, Banerdt W B, Muhleman D O, Pettengill G H, Neumann G A, Lemoine F G, Abshire J B, Aharonson O, Brown C D, Hauck S A, Ivanov A B, Mcgovern P J, Zwally H J, Duxbury T C. 1999. The global topography of Mars and implications for surface evolution. *Science*, 284(5419):1495-1503.

Somekawa T, Galvez M C D, Fujita M, Vallar E A, Yamanaka C. 2013. Noise reduction in white light lidar signal using a one-dim and two-dim daubechies wavelet shrinkage method. *Advances in Remote Sensing*, 2(1):10-15.

Su W, Huang J, Liu D, Zhang M. 2019. Retrieving corn canopy leaf area index from multitemporal Landsat imagery and terrestrial LiDAR data. *Remote Sensing*, 11(5):572.

Su W, Zhu D, Huang J, Guo H. 2018. Estimation of the vertical leaf area profile of corn (*zea mays*) plants using terrestrial laser scanning (TLS). *Computers and Electronics in Agriculture*, 150:5-13.

Sun G Q, Ranson K J. 2000. Modeling LiDAR returns from forest canopies. *IEEE Transactions on Geoscience and Remote Sensing*, 38(6):2617-2626.

Sun G Q, Ranson K J, Kimes D S, Blair J B, Kovacs K. 2008. Forest vertical structure from GLAS: An evaluation using LVIS and SRTM data. *Remote Sensing of Environment*, 112(1):107-117.

Suveg I, Vosselman G. 2002. Automatic 3D building reconstruction. *Proceedings of SPIE-The International Society for Optical Engineering*,4661:59−69.

Wagner W,Ullrich A,Ducic V,Melzer T,Studnicka N.2006.Gaussian decomposition and calibration of a novel small-footprint full-waveform digitising airborne laser scanner.*ISPRS Journal of Photogrammetry and Remote Sensing*,60(2):100−112.

Wang C,Nie S,Xi X H,Luo S Z,Sun X F.2017.Estimating the biomass of maize with hyperspectral and LiDAR data.*Remote Sensing*,9(1):11.

Wang C,Tang F X,Li L W,Li G C,Cheng F,Xi X H.2013.Wavelet analysis for ICESat/GLAS waveform decomposition and its application in average tree height estimation.*IEEE Geoscience and Remote Sensing Letters*,10(1):115−119.

Wang J D,Li P,Ran R,Che Y B,Zhou Y.2018.A short−term photovoltaic power prediction model based on the gradient boost decision tree.*Applied Sciences*,8(5):689.

Wang Y, Gastellu-Etchegorry J P. 2021. Accurate and fast simulation of remote sensing images at top of atmosphere with DART-Lux.*Remote Sensing of Environment*,256:112311.

Wehr A,Lohr U.1999.Airborne laser scanning−an introduction and overview.*ISPRS Journal of Photogrammetry and Remote Sensing*,54(2−3):68−82.

Wu H B, Yue H, Xu Z R, Yang H M, Liu C, Chen L. 2021. Automatic structural mapping and semantic optimization from indoor point clouds.*Automation in Construction*,124:103460.

Xi Z X,Hopkinson C,Rood S B,Peddle D R.2020.See the forest and the trees:Effective machine and deep learning algorithms for wood filtering and tree species classification from terrestrial laser scanning.*ISPRS Journal of Photogrammetry and Remote Sensing*,168:1−16.

Xie J F,Huang G H,Liu R,Zhao C G,Dai J,Jin T Y,Mo F,Zhen Y,Xi S L,Tang H Z,Dou X H,Yang C C. 2020.Design and data processing of China's first spaceborne laser altimeter system for earth observation: GaoFen-7.*IEEE Journal of Selected Topics in Applied Earth Observations and Remote Sensing*,13:1034−1044.

Yang J T, Kang Z Z, Zeng L P, Akwensi P H, Sester M. 2021. Semantics − guided reconstruction of indoor navigation elements from 3D colorized points.*ISPRS Journal of Photogrammetry and Remote Sensing*,173: 238−261.

Yang T,Wang C,Li G C,Luo S Z,Xi X H,Gao S,Zeng H C.2015.Forest canopy height mapping over China using GLAS and MODIS data.*Science China Earth Sciences*,58(1):96−105.

Yurtsever E,Lambert J,Carballo A,Takeda K.2020.A survey of autonomous driving:Common practices and emerging technologies.*IEEE Access*,8:58443−58469.

Zhang W M,Qi J B,Wan P,Wang H T,Xie D H,Wang X Y,Yan G J.2016.An easy-to-use airborne LiDAR data filtering method based on cloth simulation.*Remote Sensing*,8(6):501.

Zhou R,Jiang W,Huang W,Xu B,Jiang S.2017.A heuristic method for power pylon reconstruction from airborn LiDAR data.*Remote Sensing*,9(11):1172.

Zhu X X,Nie S,Wang C,Xi X H,Hu Z Y.2018.A ground elevation and vegetation height retrieval algorithm using micro-pulse photon-counting lidar data.*Remote Sensing*,10(12):1962.

Zhu X X,Nie S,Wang C,Xi X H,Zhou H Y.2020.A noise removal algorithm based on OPTICS for photon-counting LiDAR data.*IEEE Geoscience and Remote Sensing Letters*,18(8):1471−1475.

附 录

激光雷达术语

本附录列出常见激光雷达术语并介绍其基本概念[①]。

1）点云(point cloud)

大量离散点的集合。除了三维激光扫描可获取点云数据以外,通过影像密集匹配、声呐等方式也可以获取一定密度的点云数据。原始点云经过预处理后通常以标准的二进制文件交换格式(LAS 文件)存储,每个点除了包含 X、Y、Z 坐标信息,还包括点分类编号、回波强度值、回波编号、回波数目、扫描角度和颜色(RGB)等信息。点云数据在使用前需要进行粗差剔除,并通过相应算法进行滤波分类。按照美国摄影测量与遥感学会(ASPRS)定义,激光点云通常分为建筑物、高植被、中等植被、低植被、地面、水体及未分类点云等。

2）点云密度(point cloud density)

单位面积上点的个数,是描述激光雷达数据的一个重要指标,单位为:点/米^2(point/m^2)。对于机载激光雷达系统,点云密度与飞行高度、速度、扫描频率等因素密切相关。通过航带的重复扫描、降低飞行高度或飞行速度等均可增加点云密度,但同时会增加数据的获取成本。影响点云密度的因素包括激光发射频率、角度分辨率、激光器−目标之间距离、入射角、目标材质及其表面反射率等。

3）点云特征(point cloud feature)

点云数据中能够真实反映地物表面及边缘处特征的点、线、面等几何特征,是进行地物分类、识别和建模的重要参考。从尺度上,点云特征可分为局部特征描述和全局特征描述。局部特征如法线、曲率等几何形状特征,全局特征如点的拓扑特征,都属于点云特征的描述与提取范畴。从统计特征上,点云特征表现为点云密度,局部范围(如格网化后)内

---

① 词条参见《中国大百科全书》第三版中激光雷达遥感词条,作者为刘正军、康志忠和王成。

点云高程的均值、方差,不同地物表面点云的强度信息等。

4) 点云滤波(point cloud filtering)

通过自动或人机交互方式从点云数据中分离出地面点和非地面点的技术。一般认为,点云滤波是点云分类的预处理过程,高精度的点云滤波是基于点云进行数字高程模型(DEM)生产的一道重要工序。人机交互式点云滤波,系通过对显示的点云进行目视判别,以此区分地面点和非地面点并进行类别标记;自动化点云滤波通过特定算法自动分离地面点与非地面点,如基于不规则三角网、数学形态学、坡度以及基于扫描线、点云平差和移动窗口滤波算法等。虽然各种自动化滤波方法的实现方式不尽相同,但多遵循两个基本假设:①地面点一定是局部范围内的最低点,多用于初始地面点的选取;②地面起伏平缓,用于滤波的中间过程。考虑到粗差的存在,为使假设①成立,在滤波前首先要进行点云去噪。

5) 点云分类(point cloud classification)

从点云中分离出一个或多个地物类别的点并对其进行类别标记的技术。根据分类前是否需要采样训练,可以分为:①监督分类(supervised classification),根据已知地物类型的训练区提供的点云样本,通过计算选择特征参数,建立判别函数以对点云进行分类的方法。其过程是从训练样本中选择具有典型代表性的特征参数,对样本数据建立分类模型,然后基于此模型对测试数据进行分类;②非监督分类(unsupervised classification),以不同地物类型在点云特征空间中的统计差异为依据的分类方法,不经过采样训练,而是依据统计聚类方法发现数据中隐含的类别关系。

点云分类精度的评定主要有定性和定量两类。定性方法通常采用目视判别,并结合先验知识确定分类结果是否准确,不需提供真值作为参考;定量精度评定需要提供真值作为参考,通过计算一个量化指标作为分类精度评定的依据。常用的量化指标有卡帕系数(Kappa coefficient)、F 分数(F-Score)和分类准确率(classification accuracy)等。

6) 点云分割(point cloud segmentation)

依据一定的相似性原则,将同类点聚集的技术。主要方法有:①基于边界提取的方法。包括边界提取和边界内点的聚类两个环节,其性能主要取决于边界提取算法的优劣。②基于扫描线的方法。将原始深度影像的每行作为单条扫描线,然后通过分析和聚类扫描线得到分割对象。③区域增长法。通过选定种子点作为初始点云集合,并依据相似性测度,不断合并和当前点云集合相邻且具有相似特征的点到当前点集中,直到达到终止条件或没有点可以合并为止。其性能受到种子点选取、合并规则及合并终止规则的影响。④基于聚类的方法。依照一定准则将点云划分成多个子集的方法。常用方法包括 K 均值(K-means)聚类、谱聚类等。聚类算法的结果易受到距离函数以及带权图设计的影响。

⑤基元提取法。通过先验知识,直接从点云中提取基本形状基元的方法。主要方法有随机抽样一致(RANSAC)、霍夫(Hough)变换等。随着点云和图像技术的发展,通过图像信息辅助点云分割日益受到重视。

7) 点云拟合(point cloud fitting)

由离散的三维点坐标计算特征模型参数的技术。常用的拟合特征模型有规则几何模型,如线型、面型和体型模型等,或自由曲线曲面。对任意形状的曲线或曲面,主要采用样条函数进行拟合,如贝塞尔(Bezier)曲面、非均匀有理 B 样条(non-uniform rational B-splines, NURBS)曲面等。当拟合规则几何模型时,直接对构造的特征参数方程组进行解算。

由于离散点云所表达的模型类型未知且数量众多,因此对规则几何模型的拟合一般包括特征模型的探测和模型参数的解算两部分:①模型探测,常用的方法有霍夫(Hough)变换;②模型参数解算,由于离散三维点云既包含由于传感器的局限性产生的噪声,也包括其他模型点的干扰,因此模型参数的计算需要稳健的方法,常用的有最小二乘拟合和随机抽样一致性(RANSAC)等。其他的点云拟合方法还包括期望最大化、广义主成分分析等。

8) 点云简化(point cloud simplification)

又称"基于点云的表面简化"。有效精简大量冗余点,使描述三维模型的特征点保持清晰的技术。对于给定的点云 P(对应的曲面为 S),给定的目标采样频率 $n<|P|$,找到一个新的点集 P'(对应的曲面为 S'),使得 $|P'|=n$。点云简化的目的是减少数据量,降低模型表达的复杂性。实践中,寻找关于点云简化问题的全局最优解非常困难,当前大多数的点云简化算法采用基于局部误差测度的方法,如基于聚类、迭代、粒子模拟等的点云简化方法等。在激光点云数据处理中,也常采用跳点读取的方式进行点云简化,这主要是基于激光脚点数据采集时,一般按时间先后在文件中顺序存储,而在相邻时间域内,点的空间位置存在较强相关性。这种方法简单、快速,但容易造成模型特征的丢失,一般用于点云的显示。

9) 点云精化(point cloud refinement)

提高点云数据质量或视觉效果的处理技术,常用于利用点云生成三维模型,或者对点云进行可视化渲染。原始点云常受传感器性能、观测目标光学特性、背景环境、观测视角导致的地物遮挡等因素影响,而容易产生诸如噪声、欠采样、粗糙表面、空洞、裂缝及跳跃边界等数据质量或视觉效果问题。通过使用特定的数据处理方法或者借助辅助数据,可以使这些问题得到有效缓解。例如,以激光点云为基本数据源,结合高分辨率影像的多视密集匹配技术获取的目标三维几何信息,可以弥补激光扫描仪离散采样对边缘描述不足、弱反射区无点云的问题,能使点云模型中被测目标几何形状、色彩等特征得到显著复原或增强。根据处理的实时性,点云精化可分为在线处理和离线处理两种方式。在线处理主要面向点云或基于点云的三维模型实时视觉效果的改善;离线处理主要面向点云数据质量的提升,进而改善点云或基于点云的三维模型视觉效果。

10) 点云去噪(point cloud denoising)

降低和去除测量过程的点云数据表面噪声与离群点的技术。在点云数据采集过程中,由于测量环境、人员、设备缺陷等因素的影响,测量获取的数据中可能含有部分离群点,即噪声点。噪声点的存在会对点云滤波、点云分类、曲面重建等过程造成较大的负面影响,加剧算法复杂性,并影响数据处理效率,因此,需要采用合适的方法对其进行识别和剔除,主要方法有基于局部邻近点拟合、基于直方图统计和基于空间网格划分等算法。

11) 点云配准(point cloud registration)

将两个或更多坐标系中的大容量三维空间数据点集转换到统一坐标系统中的数学计算过程,其关键是同名特征的获取和坐标转换参数的稳健计算。同名特征的类型主要分为点、线、面特征,以及近年来出现的多特征混合等。识别方法可采用人工识别、布设人工标靶、光学/深度/反射值影像配准,以及三维点特征配准等。基于点特征计算坐标转换参数的方法通常利用七参数法。基于线和规则面特征计算坐标转换参数的方法一般通过构造包含坐标转换参数的特征参数方程组完成。最小二乘平差、随机抽样一致性等方法被用于剔除误匹配同名特征。多站地基三维激光扫描中会采用全局配准削弱双站累积配准误差。衡量点云配准精度的指标主要有旋转和平移的偏差、同名点间距离、点到对应面的距离等。迭代最邻近点(ICP)算法常用于在基于同名特征识别的点云配准(粗配准)基础上进行的精配准。外业数据采集阶段的设站优化和引入外部控制条件等策略也能提高配准精度。

12) 脉冲测量(pulse measurement)

通过测定发射和接收激光脉冲的时间差确定传感器和目标之间距离的方法。属于飞行时间测量的一种方式。激光器向空间某一目标发射短激光脉冲,并接收物体反射回来的信号,通过测定发射和接收脉冲的时间差,计算得到空间物体和激光器之间的距离。

13) 激光扫描(laser scanning)

主动、快速测量空间坐标的技术。通过发射激光脉冲获取经物体表面返回的脉冲信号,测定各反射点与激光器之间的距离,计算各反射点的空间坐标。激光扫描可应用于地基、船载、车载、机载以及星载等平台。激光扫描起源于20世纪60年代初,因阿波罗15号计划得到广泛关注。现已广泛应用于测绘、地理、地质、林业、大气以及无人驾驶等领域。

14）激光回波（laser beam return/laser echo）

激光发射脉冲与目标物相互作用后会产生一个回波信号，而部分激光脉冲会继续前进与光程中的其他目标物体作用产生更多的回波信号，这些回波信号即激光回波。激光雷达接收系统可能记录一个或多个激光回波：只记录一个激光回波时，称为单次回波；记录多个回波时，称为多次回波。通常将回波分为首次回波、中间回波和末次回波。对于单次回波，如果直接打到地面，代表地面返回的回波；如果打到地物的表面，代表地物表面的回波，因此单次回波可能从地面或地物反射。首次回波通常是非地面回波，与地物表面的高程密切相关，常用于生成数字表面模型（DSM）；中间回波通常是非地面回波，对应于地物内部的结构信息，如植被垂直结构等；末次回波通常是地面回波，但也有可能是从植被、建筑等地物目标返回的回波，经筛选后用于生成数字高程模型（DEM）。激光雷达接收系统会详细记录每个激光脉冲的回波个数及回波顺序。

15）回波强度（return intensity）

激光脉冲经目标表面反射并被激光器接收到的回波能量，又称为后向散射强度或能量。回波强度值是对目标后向散射的定量描述，与激光器发射的能量、物体表面反射率、大气条件及激光器与目标的距离有关，可用如下公式定量描述：

$$P_r = \rho \frac{\eta^2 A_r}{\pi R^2} P_t$$

其中，P_r 为接收功率，P_t 为发射功率，ρ 为目标的反射率，η 为大气透过率，R 为激光器到目标的距离，A_r 为接收面积。

16）离散回波激光雷达（discrete return LiDAR）

记录有限次回波信号的激光雷达系统，通常记录首次回波、中间回波、末次回波。离散回波激光雷达通常是小光斑激光雷达，光斑直径通常小于 1 m。离散回波激光雷达系统可以精确获取目标的三维坐标信息，同时包含回波强度、回波次数、扫描角度等信息。离散回波激光雷达系统在地形测绘、数字城市、文化遗产数字化、电力巡检等方面已得到广泛应用。

17）全波形激光雷达（full waveform LiDAR）

按照回波返回时间序列，能够以很小采样间隔对激光回波信号进行连续数字化记录的激光雷达系统，可详细记录光斑范围内所有探测目标的垂直结构信息。依据地面光斑的大小，可将全波形激光雷达分为大光斑全波形激光雷达和小光斑全波形激光雷达；按照搭载平台的不同,可将其分为星载、机载和地面全波形激光雷达。

18) 波形分解(waveform decomposition)

通过特定算法对激光雷达波形进行处理,从中分离出光斑内各目标地物的回波信号,以提取其空间信息的过程。波形分解得到光斑内各目标地物的波形信号(如高斯波),可以认为是发射脉冲与某一地物相互作用的结果,距离激光发射器最远的波形,一般认为是脉冲与地面相互作用的结果。通过波形分解可确定对应地物目标的回波信号,得到地物结构信息以进行相关应用。

19) 波形特征提取(waveform feature extraction)

激光雷达系统能够记录发射脉冲的能量分布(波形)和目标散射返回的能量分布(波形),利用波形采样点的能量分布,计算各种反映信号能量分布特征的度量参数,然后利用这些参数来提取相应的地物特征。波形特征提取方法的理论基础是波形分解,通过波形分解可产生各种波形特征,以此确定对应地物目标的回波信号。目前常用的波形特征参数包括波形高度指数和波形能量指数。

20) 半波能量高度(height of median energy,HOME)

一种用于描述全波形激光雷达数据的特征参数,指波形能量一半所对应的高度位置到地面波峰位置的距离,取决于波形能量一半的高度和地面波峰的确定。地面波峰位置可通过波形分解确定,波形分解可以从激光回波中检测出多个回波波峰,然后确定其中的一个波峰为地面波峰(通常是最后一个回波波峰)。半波能量高度与植被冠层的垂直分布及郁闭度密切相关,且该参数对坡度不敏感,在植被参数反演中有重要的应用。

21) 激光雷达百分位高度(LiDAR height percentile)

激光雷达估算植被结构参数常用的变量,与植被高度及生物量密切相关。激光雷达第 p 百分位高度 h 是指有百分之 p 的激光回波高度低于 h,也就是有百分之 $(100-p)$ 的激光回波高度高于 h,激光雷达高度的中位数也是第 50 百分位高度。计算激光雷达百分位高度首先要对激光点云进行分类,并计算非地面点云的相对高度,基于这些激光点云的相对高度来计算激光雷达百分位高度。

22) 激光截获指数(laser interception index,LII)

植被冠层回波数与总回波数的比值,常用来反映植被的覆盖度。LII 也可以定义为植被冠层回波强度与总回波强度的比值,但是这两种方法计算结果通常有所差异。LII 广泛

应用于植被覆盖度、叶面积指数(LAI)及生物量的反演,以提高植被参数的反演精度。LII 计算如公式为

$$LII = \frac{N_{canopy}}{N_{canopy}+N_{ground}}$$

其中,N_{canopy}为冠层回波数或冠层回波强度之和,N_{ground}为地面回波数或地面回波强度之和。

关键词索引

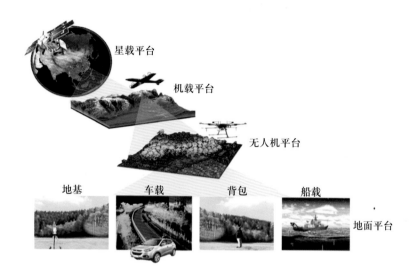

星载平台

机载平台

无人机平台

地基　车载　背包　船载

地面平台

星载平台

太阳能电池
阵列　　　　　散热器

前镜

激光反射　激光　后镜
镜阵列　脉冲

机载平台

GNSS
IMU

激光扫描系统

无人机平台

IMU　　　　GNSS
长距离
WiFi天线
相机　　激光扫描系统

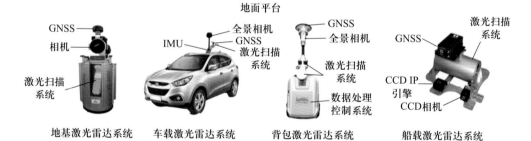

地面平台

GNSS

相机

激光扫描
系统

地基激光雷达系统

IMU　全景相机
GNSS
激光扫描
系统

车载激光雷达系统

GNSS
全景相机

激光扫描
系统

数据处理
控制系统

背包激光雷达系统

GNSS

激光扫描
系统

CCD IP
引擎
CCD相机

船载激光雷达系统

图 1.2　不同平台激光雷达系统组成

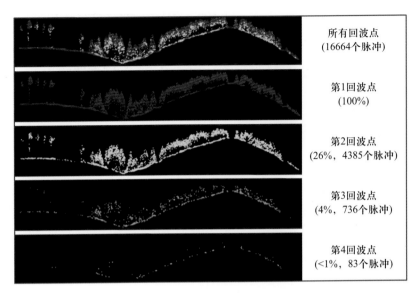

图 2.12　离散 LiDAR 系统多次回波示意图

图 2.13　太阳光和激光在大气、地表、LiDAR 传感器间的能量传输过程

图 3.12　配准后大楼点云数据

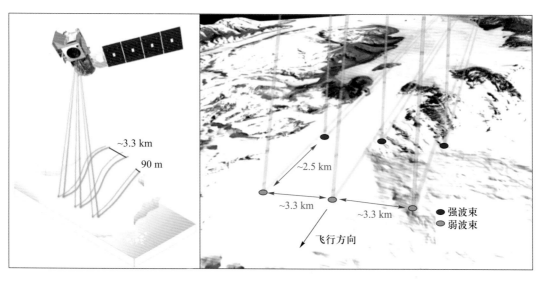

~3.3 km

90 m

~2.5 km

~3.3 km

~3.3 km

强波束
弱波束

飞行方向

图 3.13　ICESat-2/ATLAS 波束分布示意图(据 Neuenschwander and Pitts，2019)

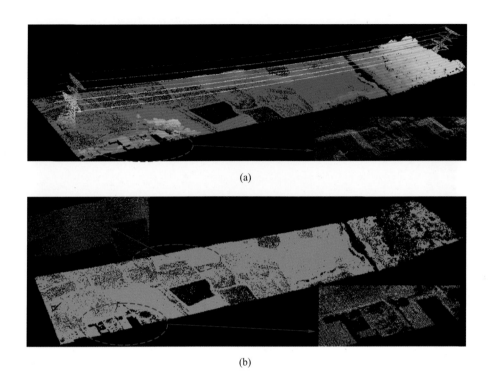

(a)

(b)

图 4.3　形态学点云滤波示例:(a)原始点云;(b)滤波后地面点

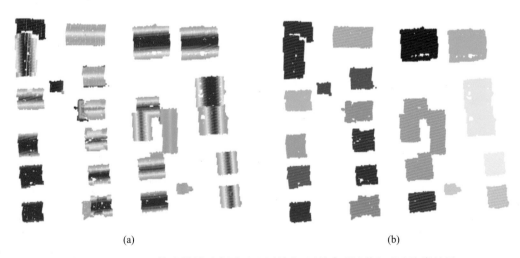

(a)　　　　　　　　　　　　　(b)

图 4.12　DBSCAN 算法结果示意图:(a)原始点云(按高程渲染);(b)聚类结果

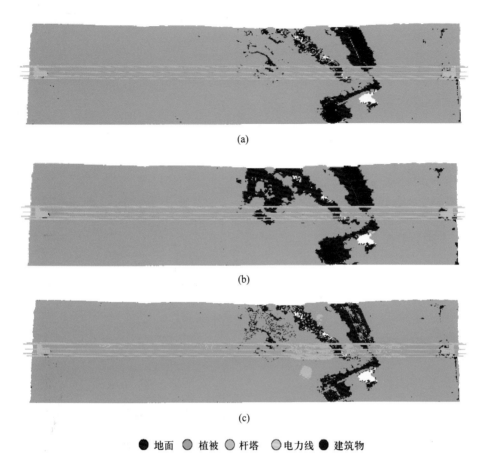

● 地面 ● 植被 ● 杆塔 ○ 电力线 ● 建筑物

图 4.16　不同分类算法的输电通道点云分类结果:(a)真值(手工分类);(b)PointNet++
分类;(c)随机森林分类

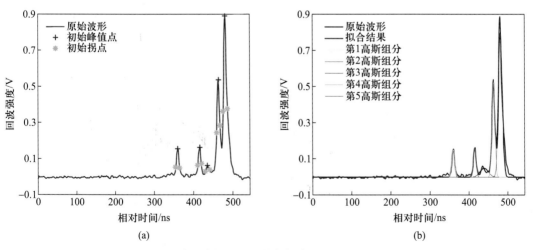

图 4.19　波形分解:(a)初始参数估计;(b)非线性拟合

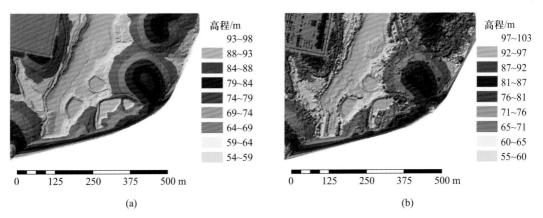

图 5.4　基于 TIN 的 DEM(a)与 DSM(b)模型

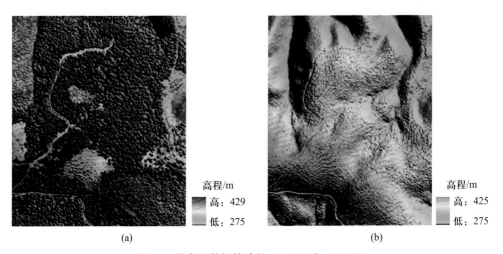

图 5.6　从点云数据构建的 DSM(a)和 DEM(b)

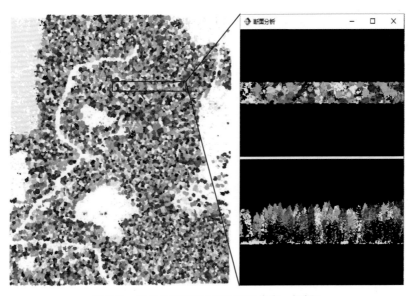

图 5.7　单木分割结果(每种颜色代表一棵树)

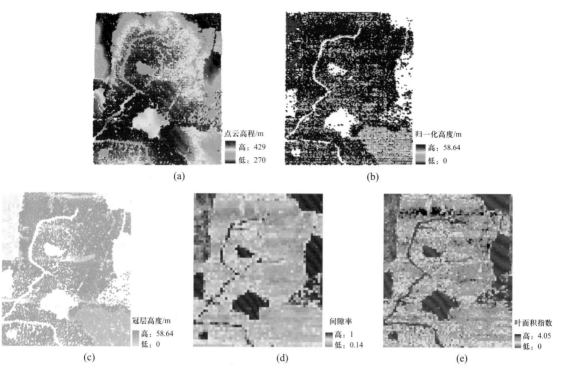

图 5.8　基于点云的植被参数提取:(a)原始点云数据;(b)归一化后的点云数据;(c)冠层高度模型;(d)森林间隙率;(e)森林叶面积指数分布图

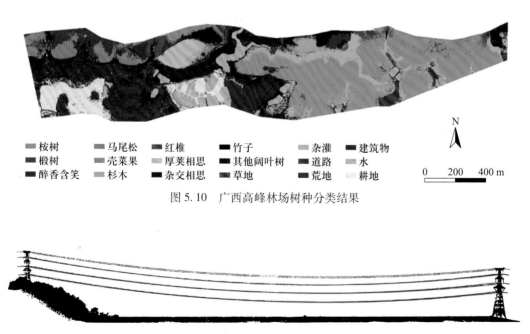

■ 桉树	■ 马尾松	■ 红椎	■ 竹子	■ 杂灌	■ 建筑物
■ 椴树	■ 壳菜果	■ 厚荚相思	■ 其他阔叶树	■ 道路	■ 水
■ 醉香含笑	■ 杉木	■ 杂交相思	■ 草地	■ 荒地	■ 耕地

N

0　　200　　400 m

图 5.10　广西高峰林场树种分类结果

图 5.13　单档输电通道中电力线点云示意图

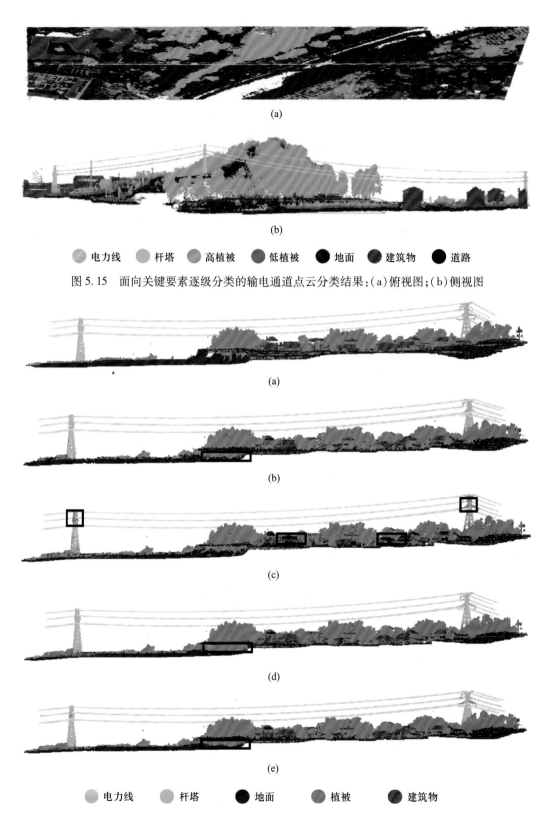

(a)

(b)

● 电力线　● 杆塔　● 高植被　● 低植被　● 地面　● 建筑物　● 道路

图 5.15　面向关键要素逐级分类的输电通道点云分类结果：(a)俯视图；(b)侧视图

(a)

(b)

(c)

(d)

(e)

● 电力线　　● 杆塔　　● 地面　　● 植被　　● 建筑物

图 5.16　基于机器学习的输电通道点云分类结果：(a)参考分类数据；(b)K 近邻；(c)逻辑回归；
(d)随机森林；(e)梯度提升树

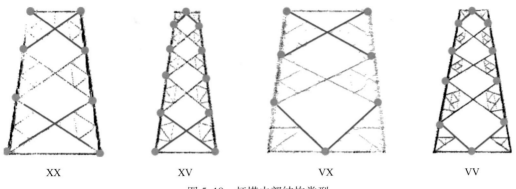

XX   XV   VX   VV

图 5.19   杆塔内部结构类型

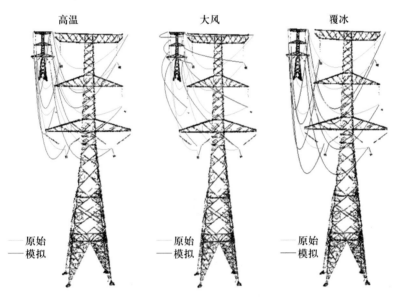

图 5.24   输电线路工况模拟示意图

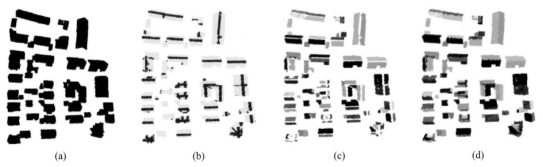

(a)   (b)   (c)   (d)

图 5.27   Area 3 区域屋顶分割:(a)建筑点云;(b)非平面点(红色)探测结果;(c)平面点探测结果;(d)最终分割结果

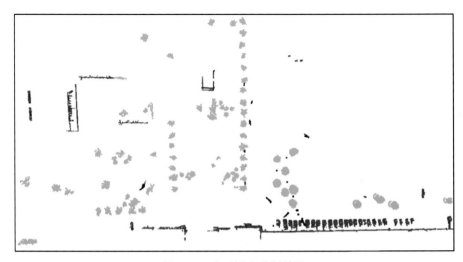

图 5.31　点云语义分割结果

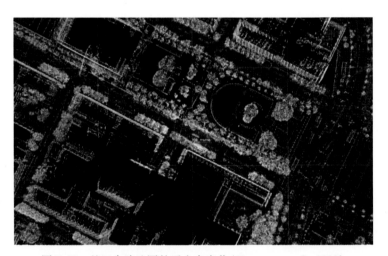

图 5.33　基于先验地图的无人车定位(Yurtsever *et al.*,2020)

FPAR
高: 0.896
低: 0.483

0 125 250　500　750　1000 m

图 5.37　机载全波形 LiDAR 反演的研究区玉米 FPAR 分布图

(a)　　　　　　　　　　　　　(b)

(c)　　　　　　　　　　　　　(d)

图 5.38　茶胶寺三维建模过程:(a)未赋色原始点云;(b)赋色后点云;(c)未赋色三维模型;(d)赋色后三维模型

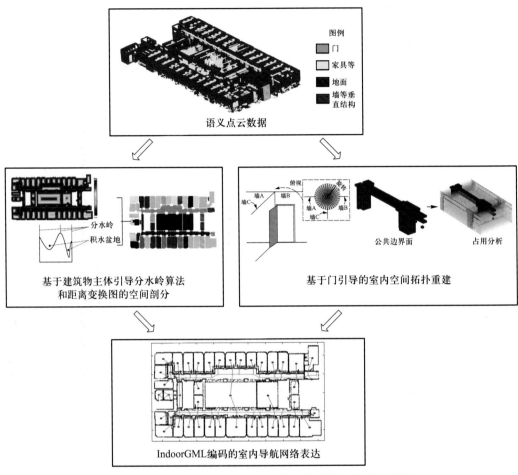

图 5.40　语义引导的室内场景导航网络重建与编码流程图

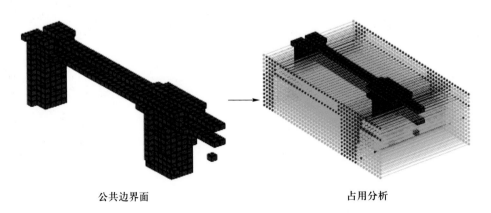

图 5.42　基于模拟光线的公共边界面可通行性分析
蓝色为点云体素,红色为被占用的体素,绿色表示空体素